物联网时代下智慧农业理论与应用研究

王祺　秦东霞　秦钢　著

中国商业出版社

图书在版编目（CIP）数据

物联网时代下智慧农业理论与应用研究 / 王祺，秦
东霞，秦钢著 . -- 北京 : 中国商业出版社 , 2022.9
ISBN 978-7-5208-2084-4

Ⅰ . ①物… Ⅱ . ①王… ②秦… ③秦… Ⅲ . ①物联网
—应用—农业—研究 Ⅳ . ① S126

中国版本图书馆 CIP 数据核字 (2022) 第 159920 号

责任编辑：陈　皓
策划编辑：常　松

中国商业出版社出版发行

（www.zgsycb.com　100053 北京广安门内报国寺 1 号）

总编室：010-63180647　编辑室：010-83114579

发行部：010-83120835/8286

新华书店经销

定州启航印刷有限公司印刷

*

710 毫米 ×1000 毫米　16 开　11.75 印张　210 千字

2022 年 9 月第 1 版　2023 年 1 月第 1 次印刷

定价：78.00 元

* * * *

（如有印装质量问题可更换）

前　言

中国是一个历史悠久的农业大国，经历了原始农业、传统农业、现代农业等多个阶段。"民以食为天"是中国的一句古语，强调了粮食对生活的重要性。农业是重要的粮食来源，是人们的生存之本。随着时代的发展与农业生产方式的变革，互联网与农业的发展联系日益紧密，各种新型的农业生产方式不断得到变革和升级，在此基础上，智慧农业应运而生。智慧农业是现代科技与传统产业的有机融合，在变革原有农业生产方式的同时，也促进了农民生产理念的转变，真正促进新时代农民的形成。本书围绕智慧农业开展论述，并注重将现代化的生产方式引入农业生产活动中，兼顾农业的特性以及科技的优势，真正为农业的良性发展、农民的持续增收提供理论支持。正基于此，本书分为八章展开论述。

第一章主要介绍智慧农业的概述，分为三部分进行简要论述，分别为智慧农业的内涵、特征和作用，智慧农业的主要内容，国内外智慧农业发展分析，旨在从全局的角度认识智慧农业，为后续中国智慧农业的发展提供参照。

第二章主要介绍物联网时代下智慧农业的架构及技术。本章先对物联网进行了简单介绍，接着介绍物联网智慧农业的架构以及物联网智慧农业的技术，这些内容为读者更能科学地理解物联网与智慧农业之间的融合打下了坚实的认知基础。

第三章主要介绍智慧农业中的感知技术，具体包括农业信息传感内容与技术、农业定位内容与技术，还介绍了物联网感知技术的应用，呈现了技术与农业生产相结合的各种场景，描绘出了一幅具有时代感、科技化的农业发展蓝图。

第四章主要介绍动态数据库管理系统，并重点介绍动态数据库管理、基于大数据分析的模拟模型和农业智能管控系统三个方面的内容，为后续内容的开展奠定基础。

第五章主要介绍农产品质量追溯系统，先后介绍质量追溯关键技术、农产品质量追溯系统和农产品质量追溯系统实证分析三个方面内容，将农产品从种植到生产，再到销售的整个过程以数字化的方式呈现，保证让人们吃到真正放心的农产品。

第六章主要对种植业的物联网应用进行介绍，并重点从三个方面分别论述，即种植业智慧化发展历程、种植业的物联网简介、基于物联网的种植业实证分析。

第七章主要介绍畜牧业的物联网应用，分别从三个方面论述：第一，畜牧业智慧化发展历程，对畜牧业发展经历的四个阶段进行了介绍；第二，畜牧业的物联网的应用实例，分为养殖环境监测系统、精细喂养决策系统、育种繁育管理系统和疾病诊治与预警系统作了介绍；第三，基于物联网的畜牧业实证分析。

第八章主要介绍水产养殖业的物联网应用，分别论述了水产养殖业智慧化发展历程、水产养殖业的物联网系统概述，以及基于物联网的水产养殖业实证分析三个方面的内容。

本书由王祺、秦东霞、秦钢共同撰写完成，其中王祺负责撰写第二章至第四章内容；秦东霞负责撰写第六章至第八章内容；秦钢负责撰写第一章、第五章和前言部分，并负责参考文献的整理。鉴于作者水平有限，书中难免会有不完善之处，恳请各位同行及专家学者予以斧正。

目　录

第一章 智慧农业概述

第一节 智慧农业的内涵、特征和作用

一、智慧农业的内涵

智慧农业是指依托先进的现代信息技术，将互联网、云计算、大数据等新技术与农业专家知识平台相融合，通过在各个农业生产现场部署传感器采集农业生产数据，经无线传感器网络传送到农业专家知识平台，再由大数据分析监控和管理农业生产的各个流程，实现农业可视化、远程控制管理、远程咨询诊断等智能管理，逐步建立农业传感网，实现对农业生产过程各个环节的监测和控制，提高农业管理水平，通过农业专家知识平台中存储的专家知识，以及统计、筛选、数据比较、优化模型指导农产品生产、销售。本书中的智慧农业是立体化的智慧农业，除了立足农业生产外，更为注重从农业农村产业、生态、文化、治理、生活以及科技服务等方面进行智慧化农业内涵的介绍。随着社会的发展，人们对智慧农业产生了不同的理解。有的人认为智慧农业是一种智慧化的延展，有利于促进实现农业信息的有效传播和利用，即注重强调信息技术的有效运用。有的人则认为智慧农业是一种新时代的农民，即农民具有较强的信息技术应用能力，可以根据现实农业生产、生活的需要，灵活运用相应的信息技术，如人工智能、物联网、网络、现代通信技术等，真正培育出具有现代信息意识的新农民。总而言之，现代信息技术为农业的发展提供了强有力的支持，大大提升了农业从业者的综合信息素质，真正推动了农业的迅速发展。

从现阶段而言，信息技术已经渗透农业生产的方方面面，并在一定程度上促进了农业的全面发展，尤其是对现阶段农业结构以及农业生产方式产生了重要影响，并进一步推动了农业经济的良性发展，提高了农民的收入水

平。为此，我们应更为积极地关注智慧农业的发展，真正让现代信息技术促进农业生产方式的创新，促进新农人的出现，促进智慧化农业的建设。为了达到上述目的，有必要对智慧农业的内涵进行探究，以"是什么"为基点，促进智慧农业在现代农业生产的有效实施。对智慧农业的内涵的解读，可以从以下六点进行理解。

（一）农业农村产业智慧化

农业农村产业智慧化是一个动态的过程，其中涉及多方面的内容。第一，技术支撑。农业农村产业智慧化需要强有力的技术支持，如边缘计算、区块链、人工智能、物联网、大数据、现代通信技术。第二，联系多方面的主体，如农业机构、农民、农企业、种养大户。第三，强调融合性。农业农村产业智慧化将各项主体与具体的生产环节进行有效融合，如农业生产中的服务、管理、生产、经营的有效融合，真正构建第一产业、第二产业、第三产业相融合的模式，促进整个农业结构的优化。除此之外，在农业农村产业智慧化的过程中，需要真正把握智慧农业的特征，如农业生产的社会化、工业化、生态化和规模化，旨在以智慧农业为特征，构建具有新模式、新业态及新产业的现代化农业生产方式，破除原有农业生产的局限，促进农业生产效率的提升以及整体农业生产水平的提升。值得注意的是，农业农村产业智慧化的实现，需要将智慧农业落实在实际的生产过程中，如实现全方位的农业生产监控，构建立体化的农业生产模式，真正构建从农作物播种到农产品生产、销售的全过程监督模式，促进农业生产的品牌化、标准化和市场化，提升整体的农业生产效益。

（二）农业农村生态智慧化

农业农村生态智慧化主要包括以下四个方面。

第一，构建宜居的农村生存环境。在进行农业农村生态智慧化的过程中，需要以农村人的生活为前提，借助各种信息技术，如现代通信技术、物联网、人工智能等，推动农村的健康、绿色发展，实现农业的进步，打造"绿水青山就是金山银山"的新农村生态环境，让现代农民生活好，实现农业农村生态环境的智慧化。

第二，促进农业信息技术在构建生态农业发展方式上的转移。在进行农业农村生态智慧化构建的过程中，需要真正将绿色技术转移到农业农村的生态建设上，构建具有集成性的农业农村生态智慧化模式，让生态农业获得强有力的技术支持。

第三，利用信息技术解决农业生产过程中的生态技术"瓶颈"。运用信息技术进行现阶段污染物处理方式的转变可以在一定程度上提升污染物的处理成效，真正在牲畜家禽废物处理、重金属污染物有效防治方面取得进步，克服现阶段农业生产过程中的技术"瓶颈"。

第四，加强农业从业者的培训。在进行农业从业者培训的过程中，可构建智慧化的培训模式，注重线上和线下相结合。在线上，可构建农业技术学习网站，让农业从业者通过网上学习树立正确的智慧化意识，提升他们保护生态环境的能力。在线下，增强农业农村生态智慧化，有效让农业从业者掌握科学的污染数据分析方法，让他们通过数据了解农业生产中存在污染的位置、造成污染的原因并制定相应的解决措施，成为符合新时代发展的"新农人"，提升整体的农业农村生态智慧化水平。

（三）农业农村文化智慧化

农业农村文化智慧化主要是指借助信息技术的力量实现新农业农村文化体系的构建，促进智慧化农业的构建。在此体系的构建过程中，需要注意以下三点。第一，促进共融性生态文化圈的构建。在构建此文化圈的过程中，需要以社会主义核心价值观为文化圈构建的主要方向，注重引入相应的信息技术，构建集技术、文化以及价值观于一体的共融性生态文化圈。第二，探索出具有农村特色的农业农村文化信息路径。在此路径的构建过程中，注意构建信息技术与文化之间的融合，以打造品牌化农业发展为主要目标，从乡村旅游、休闲农场以及以村为单位的模式入手，构建相应的农业农村生产模式，实现农业农村文化的智慧化。第三，打造具备信息技术应用能力的农业从业者。在农业农村文化智慧化的构建过程中，需要重视农村从业者，提升他们的智慧化水平，通过多种途径让新型农民掌握多种技术，真正培养出具有较强信息技术应用能力的农业从业者，为促进智慧化农业的构建打造不竭人才之源，推动农业农村文化智慧化，凸显智慧农业在人才培养方面的优势。

（四）农业农村治理智慧化

构建农业农村治理智慧化的目的是打造多元化的农村管理体制。在实际的农业农村治理智慧化过程中可从以下两个方面切入。第一，以提升农业从业者组织化程度为方向。在思想方面，需要落实实事求是的思想，结合各个乡村的实际状况，落实因地制宜的思维模式。在实际的制度构建过程中，应以共同富裕为制度的总方向，提升农业管理的精准化和精细化。第二，构建以数据为中心的农业农村治理智慧化形式。为了实现农村各种资源的优化配置，可以技术、土地、资本及劳动力为数据源，进行对应数据的统计，在此基础上打造农业生产资源数据共享模式，并将这些数据作为各项农业政策制定的依据。除了进行生产资料的数据库构建外，还应重视构建意见数据库，搜集农业从业者在实际生产中遇到的各种问题，如群众诉求问题、生产优质措施等，优化原有的管理方法，发挥大数据的积极作用，构建农业农村治理智慧化新形式。

（五）农业农村生活智慧化

智慧农业的构建应重视农业农村生活智慧化建设，以共同富裕为农业农村生活智慧化建设目标，真正促进城乡之间的协调发展。在实际的落实上，可从提升农业从业者的生活水平与推动社会稳定两个角度入手。在提升农业从业者生活水平方面，可借助信息技术建立促进农民持续增收机制，推动农业生产的现代化，让农业从业者在此种增收机制的作用下，生产出高质量、高水平的农业产品，并构建适应市场发展的智慧化农产品产业链，增加农民的收入，提高他们的生活水平。在促进农业生产稳定方面，从农业从业者的实际生产问题入手，运用智慧化手段，如大数据云计算了解农业从业者的实际问题，如生产、加工、销售，真正消除他们的后顾之忧，吃上"定心丸"，让其真正投入农业生产中，促进农业生产的稳定。

（六）农业农村科技服务智慧化

在推动农业农村科技服务智慧化的过程中，可从实际的农业生产需要，综合运用多种信息技术，如物联网、现代通信、3S技术［遥感（Remote sensing，RS）技术、地理信息系统（Geographic information system，GIS）和全球定位系统（Global positioning system，GPS）的统称］等，构建具有现代化的农业农村科技服务智慧化模式。在实际的落实上，可从以下几点入手。

1. 构建多主体相结合的服务体系

构建多主体相结合的服务体系需要借助信息技术的力量，发挥各个农业主体的力量，如农业高校、龙头企业、科研机构、政府等，使这些农业主体在协作的过程中真正实现农业技术、智能管理技术的有效传播，构建新型的智慧化科技服务模式，促进农业农村科技服务智慧化水平的提升。

2. 构建多机制的农业农村科技服务智慧化形式

在此形式的构建中，需要以科技特派员制度、远程教育制度等作为支撑。除了进行制度的构建外，还可构建农业科技服务智慧化模式，尝试从农业高校服务、农业科技专家大院入手构建农业科技服务信息化模式。此外，构建新技术应用机制时应注重从科研院所和大学入手，建立相应的农业智慧化新技术应用机制，真正将具有实用性的技术融入农业生产过程中，实现由技术向生产的高效转化。

3. 打造提升农业从业者科技水平的管理模式

在此模式的打造过程中，既要立足农业从业者的现有技术水平，又要结合实际的农业生产需要，从日常的农业生产以及未来的农业发展趋势入手，构建具有规范化和弹性的人才管理模式，真正提升农业从业者的综合信息化水平。

二、智慧农业特征

智慧农业的特征如图 1-1 所示，之后的文章将详细介绍这些特征。

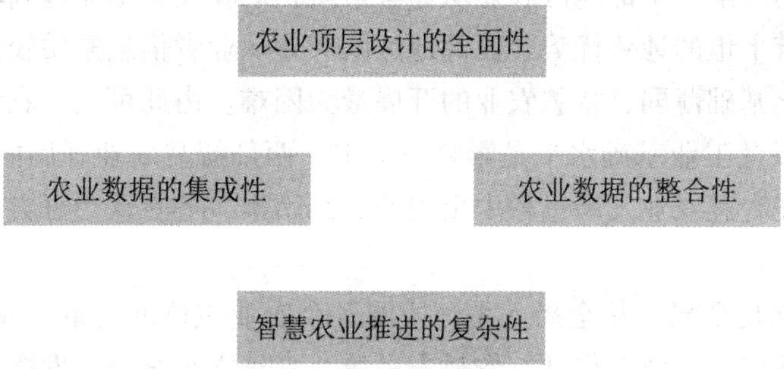

农业顶层设计的全面性

农业数据的集成性　　　农业数据的整合性

智慧农业推进的复杂性

图 1-1　智慧农业的特征

（一）农业顶层设计的全面性

智慧农业最先在发达国家得到有效开展，如日本、美国、法国、德国等，并取得了不同层次、不同水平的成果，大大提升了农业的经济效益。在智慧农业的构建过程中，我国既要汲取发达国家在智慧农业发展过程中的优秀经验，又要结合本国的农业发展状况，制定相对全面的农业顶层设计模式。在实际的落实过程中，应注意我国现阶段农业生产中存在的以下制约因素。

1. 农村农业范围广

农村农业涉及的范围广主要体现为领域广和行业广。在领域方面，农业包括林业、畜牧业、渔业、种植业以及其他副业。在行业方面，与农业相关的行业包括工业、服务业以及商业。由于农村农业涉及的行业以及领域相对较广，因此智慧农业在开展的过程中需要考虑的因素众多。

2. 农村农业周期长

众所周知，农业生产，不仅需要投入较多的技术、人力，还存在周期长的特性，投入的各种生产要素不能在短时间内获得成效。周期较长导致智慧农业在开展过程中缺乏社会资本的大量投入，存在融资难的问题。

3. 农村农业发展不同步

我国农村农业发展不同步主要体现为东、中、西部发展不均衡，突出表现在以下方面：东部地区农业从业者的素质相较最高，工业基础最好，可以掌握先进的生产技术，实现了大范围的农业生产现代化，具有推动智慧农业开展的有利因素；中部地区农业从业者素质相对较高，工业基础较好，并且此地区具有平坦的地势优势；西部地区的农业从业者信息素质较低，当地的农业工业化基础薄弱，智慧农业的开展最为困难。由此可见，农业从业者的信息素质以及工业基础水平是影响东、中、西部智慧农业开展的重要因素。针对以上在智慧农业发展过程中出现的制约因素，笔者认为可尝试从以下几点切入。

（1）立足全局。从全局入手，协同各个农业主体的力量，如事业单位、政府涉农部门、农业合作社、农村农民等，真正立足全局，发挥各个主体的力量，制定相应的制度，促进上述问题的解决。

（2）侧重整体。在进行农业顶层设计的过程中，要立足整体，遵循整体性原则。具体而言，需要注意以下几个方面：第一，增强农村建设与资源配置的协同性。以农村建设为方向，构建智慧农业生产模式，协调好农业各资源要素在农业建设中的作用，发挥好农业要素在智慧农业发展过程中的效益。第二，提高农业发展方向与农业参与主体的协同性。在实际的执行中，应以整个农业发展状况为基点，设定具有整体性和系统性的农业发展方向，充分调动各个参与农业生产主体，如农民合作社、社会组织、企事业单位以及政府部门等的积极性，真正发挥农业的优势，实现农业生产效益的最大化。

（二）农业数据的集成性

论述农业数据的集成性，需要从农业数据整理以及农业数据集成两个角度入手。在农业数据整理过程中，可从农业的生产实际以及政府信息两个方面切入。从农业的生产实际切入时，既要对现阶段农业生产进行总结，将这些农业数据转化成图表，又要对农业从业者进行访谈，从他们的角度出发，搜集相应的农业产业数据，并将这些数据上传到农业网络上。在统计政府信息方面，可以从政府部门获得相应的农业生产数据。通过进行农业数据整理，可以为农业数据集成创造条件。一般而言，可从以下几点进行农业数据的集成。

1. 立足现在，着眼未来

在实施的过程中既要满足当前农业发展的需要，又要认识到农业发展的趋势，进而更为科学地运用相应的数据。

2. 立足全面，多方切入

在实施的过程中，可从多个角度入手，如运用抖音、快手、微信、微博等软件进行农业数据的整合，真正实现农业数据的最大化运用，构建具有集成性的农业数据模式。

3. 注重集成，侧重分享

在实施的过程中，可构建具有分享性、集成性的数据模式，注重实现农业生产数据的有效搜集、整理、整合和分享，真正让农业生产数据为后续的农业生产提供强有力的数据支撑。

（三）农业数据的整合性

1. 造成农业数据整合性不佳的原因

（1）数据单一化。由于各个农业部门以及农业研究院之间并未实现农业数据的有效互通，农业数据信息沟通不畅，农业研究过程中不可避免地存在研究方向单一、数据单一化的状况。

（2）数据缺乏统一标准。从现阶段看，信息统计部门并不具备统一的数据标准，这就导致在实际的信息共享过程中，无法实现信息的有效共享。造成以上现状的原因有以下两点：首先，各个信息统计部门之间缺乏统一的协调机制，导致部门之间在信息的共享过程中存在信息交流碎片化的状况；其次，对于各个县级农业机构而言，各个机构之间缺乏统一的信息采集格式标准，造成整体的信息采集无法在短时间内达到有效共享，从而导致农业数据存在严重的滞后性。

（3）信息采集方式落后。在信息采集的过程中，部分农业信息采集的方式较为落后，农业数据在采集的过程中常常面临无法有效抓取的问题，甚至部分农业数据在采集后出现"沉睡"的尴尬状况。这就导致农业数据无法在短时间内得到有效利用。

2. 推动农业数据整合性提升的措施

为了促进农业数据的有效运用，可以从提升农业数据的整合性入手，真正让农业数据在生产的过程中得到高效运用。在实际的执行过程中，可采取如下几种措施。

（1）建立统一化的信息采集模式。在信息采集的过程中，需要构建统一的信息采集、协调、共享机制，真正通过统一化的信息采集模式让农业数据得到最大化的有效运用，使农业数据最大限度地助力农业生产。

（2）培养农业从业者的共享意识。在提升农业数据整合性的过程中，为了提升农业数据的多样性和丰富性，相关部门需要重点培养农业从业者的数据分享意识，让他们在工作的过程中主动分享农业生产数据、农业工作数据等，使农业从业者真正在农业数据的分享过程中解决个人的工作问题，学习他人的农业生产方法，最大限度地有效运用农业数据。

（3）加强基础设施建设。在农业数据的整合过程中，可利用行政力量将资金引入农业基础设施建设中，重点从网络建设入手，实现村村通网线、家家安宽带，真正让农业从业者接受农业生产数据。除此之外，可加强农业数据网络建设，结合本地区常见的病虫害以及天气情况，构建相应的网站，最大限度地将常见的农业生产数据集中到此网站，让农业从业者通过浏览网站解决农业生产问题，并学习各种新型的农业知识。

（四）智慧农业推进的复杂性

在推进智慧农业的过程中，既要考虑局部，又要重视整体；既要考虑农民的切身利益，又要从农业信息化的角度入手，真正实现智慧农业的全面推进。由此可见，智慧农业在推进的过程中存在复杂性的特点。具体而言，这种复杂性主要体现在以下三个方面。

1. 主体的复杂性

在推进智慧农业的过程中，需要照顾各主体的利益以及各主体间的关系，如需要协调农业与市场的关系，农民、政府与企业的关系，这充分体现出在推进智慧农业的过程中存在主体的复杂性这一特点。

2. 现状的复杂性

我国各个地区之间存在多种多样的差异性，为智慧农业的推进带来了层层阻碍。从自然环境而言，我国地形复杂，并不利于智慧农业的顺利推广。从人文环境而言，各个区域之间在政治、经济、文化、风俗习惯等方面存在较为明显的差异性，导致人们在意识层面对智慧农业的推广存在一定的认知偏差。

3. 调研的复杂性

在实际的调研过程中，受我国幅员辽阔的影响，调研主体无法在有限的时间内对各个调研区域从教育、文化以及经济等方面进行多角度、立体化的调查，即无法针对性地找出影响各个区域智慧农业推广的关键性因素，从而造成在实际的调研过程中存在调研不彻底、问题解决缺乏针对性的尴尬状况。

三、智慧农业的作用

智慧农业的构建在一定程度上有利于在农业生产过程中实现农业生产方式的深度革命，有利于推进我国信息化战略任务以及农业农村现代化目标的双重实现。

推进我国信息化战略任务的实现是国家发展的重要方向之一，也是推动我国农业发展的动力之源。通过阅读国家提出的一系列推动我国农业信息化建设的相关文件可以了解到国家对农业信息化建设的重视，如《2021 全国县域农业农村信息化发展水平评价报告》、农计财发〔2022〕13号《农业农村部财政部关于做好2022年农业生产发展等项目实施工作的通知》、《"十四五"推进农业农村现代化规划》。以上文件可以体现出我国已经将信息化放在战略任务的高度，并重视推动农业农村现代化的实现。具体而言，智慧农业的作用主要体现为以下三点。

1. 有利于我国农业朝着现代化农业的方向迈进

智慧农业综合运用新一代信息技术，如区块链、人工智能、移动互联网、云计算、物联网等，有利于实现信息技术在农业各个领域的有效渗透（如服务领域、管理领域以及农业生产领域等），构建出服务高效、管理透明、生产智慧的新型农业生产形势，真正推动我国农业朝着现代化农业的方向迈进。

2. 有助于增强农业生产的透明性

智慧农业是对农业生产方式的全方位革新，有助于让农民运用信息技术构建多种形式的信息监督模式，如引入飞机监控、设置摄像头、制定温度以及湿度监测系统等，从不同角度监测各种农业生产状况和问题，使他们及时发现可能存在的病虫害，提前进行解决，实现农业生产的透明性。

3. 有益于促进城乡一体化的实现

智慧农业有利于创造新型的信息交互方式，有利于打通城市与农村之间的信息界限，尤其是让农户接受城市的需求信息，使他们运用该信息构建相应的农业生态区，满足城市地区人民的生活需要、精神需要等，这也有利于完善农业的基础设置，实现城市发展与农村协同进步的良好局面，促进城乡一体化的实现。

第二节　智慧农业的主要内容

在有关智慧农业的主要内容的论述中，本书主要从四个角度入手，促进农业信息的共享、传播，为农业现代化的发展赋能。智慧农业的主要内容如图1-2所示。

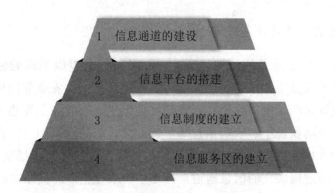

图1-2 智慧农业的主要内容

一、信息通道的建设

信息通道是一种由先进技术组成的信息沟通系统。这种系统的建设一方面需要较多的资金，另一方面需要强大的技术支撑，还需要农村基础设施建设达到一定的水平。在实际信息通道的建设过程中，政府以及相关部门可以结合本地区的实际，从以下三个方面入手。

（一）实现有线宽带扎根农户

信息技术在一定程度上可以促进农业生产信息与农业需求信息的有效对接，在一定程度上消除农业信息在时间、空间上的不对称性。为了方便农户更为直接地掌握一手的农业生产信息，政府可以运用各种经济手段，如减少农村地区在搭建网络系统方面的费用，真正做到将信息通道向农村延展，实现有线宽带扎根农户，促进农业生产的网络化、信息化，为信息通道的建设创造基础条件。

（二）构建有层次性的信息通道

在农业信息化建设过程中，虽然网络系统已经具备开放性和共享性，但是部分农户仍无法在第一时间内搜寻到个人想要的资料。针对这种状况，相关政府以及相关部门可以充分运用先进的现代化技术，构建有层次性的信息通道，让农户登录农村网站后可以第一时间搜到相应的信息，实现农业信息的有效传递，提升农业生产效益。在实际构建有层次性的信息通道的过程中，政府以及相关部门可以从以下角度入手。

1. 构建层次化的信息通道

在层次化信息通道的构建过程中，相关部门可以以不同的标准，设置具有实效性的农业生产渠道。比如，以实际生产为例，农业部门可以搭建农业网站，设置农产品生产渠道，让农户在此渠道发布，或是搜集关于生产的各种信息，如购买种子、农药信息等。除此之外，农业部门可以设置销售通道，让农户在网上发布各种农产品信息，实现农业生产与市场的有效对接，真正让农户通过层次化的信息通道，推动整个农业生产的良性发展。

2. 设置共享性的信息通道

在共享性信息通道的构建过程中，相关部门可以从农业信息的搜索和推送两个角度入手。具体而言，在农业信息搜索方面，政府以及相关部门可以在农业网站设置搜索功能，尤其是在搜索界面设置对应的窗口，让农户可以根据个人的需要，最为直接地搜集对应的信息。在农业信息推送方面，相关部门可以运用大数据、云计算等技术，收集农户在农业网站上的浏览痕迹，了解农户的实际生产需要，并适时地在搜索界面的一侧，提供与农户需求相一致的提示栏，为农户更为便捷地搜索相应的信息提供必要的技术支撑。通过从实际的共享性信息渠道的构建入手，相关部门可以充分运用各种先进的科学技术，为农户的信息搜集提供更为便捷的技术服务，真正为层次化信息通道的构建提供必要的技术支撑，实现农业生产的信息化、现代化，增强农户进行农业生产的方向性。

（三）增强信息通道布局的多元性

随着信息技术的飞速发展，农户获取信息的方式日益多元化。在信息通道的建设过程中，相关部门需要构建更加多元的信息传播通道，真正从农户的信息搜集习惯入手，实现农业信息的有效传播，促进农业生产的科学化。在增强信息通道布局的多元性的实际过程中，相关部门可以从以下角度入手。

1. 构建静态化的信息通道

可以构建静态化的信息通道，如搭建相应的网站或开设论坛以及博客，组织各个农户在上述平台进行农业信息的交流，让他们分享农业生产过程中的宝贵经验，促进各个农户农业生产技能的提升。

2.构建动态化的信息通道

相关部门可以借助各种软件和信息技术，构建动态化的信息通道。农户在动态化的互动过程中，一方面可以更为直观地了解农业技术，另一方面可以通过与需求方直接视频的方式，完成农产品方面的交易，真正发挥动态化的信息通道的作用，为智慧农业的构建提供助力。

3.构建交互性的信息通道

可以构建交互性的信息通道，实现农户与农业生产专家、农户与需求方、农户与农户的有效互动，实现农业信息传递效益的最大化。例如，一位农户搜索防治农业病虫害的信息时，可以看到相应的小窗口提示，即提示该农户与病虫害方面的专家进行交流，真正实现农户与农业生产专家的有效互动，为智慧农业的构建提供信息技术方面的便利。

二、信息平台的搭建

在信息平台的搭建过程中，需要意识到：信息标准的不一致会导致有价值的农业信息得不到有效传播，造成信息的滞留。针对这种状况，相关部门需要构建具有标准性的农业信息生产平台，真正将农业信息的价值发挥到最大。在实际的信息平台搭建过程中，可以从以下两个方面着手。

1.构建农业信息系统平台

在农业信息系统的构建过程中，相关部门需要树立正确的指导思想，落实"降低登录门槛、规范网络管理、实现有效监督"的原则，从农业生产的实际需要入手，构建具有实效性的农业信息系统。具体而言，可以从以下三个角度入手。

第一，农业气象系统。农业是一项与天气联系十分紧密的生产活动。农户为了实现农业生产的精准性和时效性，需要及时关注天气，合理安排相应的农业生产活动。为此，政府以及相关部门可以设置农业气象系统，实时向农户推送各种气象信息，让农户根据气象动态，合理调整农业生产活动。

第二，农业生产系统。相关部门可以构建农业生产系统，实时公布各种与农业生产活动相关的信息，如各个地区常见的病虫害信息、农业资源信息等。通过向农户提供具有时效性的农业信息，促进农业生产活动的有效进行。

第三，农业销售系统。为了拓展农产品的销路，可以构建农业销售系统，并设置不同的农业销售网站端口，如中药材网端口、农产品种子网端口等，让农户可以结合实际需要，了解农产品的销售信息，从而灵活选择销售商，获得最大的经济效益。

2. 构建农业信息门户平台

农业信息门户平台是外界了解农业生产的窗口，也是农户了解外部世界的平台，具有较强的综合性。在农业信息门户平台的构建过程中，相关部门可以利用专业人员完善农业信息门户平台，实现农业信息门户平台功能的多样化。在实际的构建过程中，需要做好以下两个方面的工作。

第一，农业信息的整理和搜集。相关部门可以完善数据搜寻功能。比如，运用大数据中的数据追踪功能，搜集和整理农户在农业网站中浏览的信息，更好地了解农户在生产中的实际问题。相关部门还可以定期向农户推送农业生产指导，或是农业生产疑惑调查问卷，了解农户在生产中的问题，将这些数据作为农业信息门户平台构建的数据支撑。

第二，推动农业信息的有效传递。为了推动农业信息的有效传递，在农业信息门户平台的构建过程中，相关部门可以让专业人员完善相应的网站建设，构建多种信息传递形式，完善农业生产、防病虫害等视频的下载和分享功能，真正做到让更多的农户了解农业信息、学习农业知识，促进农业信息的有效传递。

三、信息制度的建立

相关部门需要建立相应的信息制度，使信息平台的搭建更具流程性和标准化，促进智慧农业的高效构建。在具体的建立过程中，可以从以下三点入手。

（一）增强信息制度建立的民主性、公益性和准确性

相关部门在信息制度的建立过程中需注重信息制度建立的民主性、公益性和准确性。在实际的执行过程中，可以从以下三个方面入手。首先，设立议事制度。为了最大限度地增强信息制度的民主性，相关部门可以设立议事制度，在考虑民意的基础上，将农户、农业商户的需求纳入信息制度的建立中；在维护各主体隐私的基础上，提升信息制度的民主性。其次，增强制度建立的公益性。为了增强制度建立的公益性，相关部门可以设立公益性的网

络模块，让农户以及需求方免费发布相应的供求信息。最后，相关部门可以设置监测系统，保证农户、农产品需求者信息提供的准确性，提升农业的经济效益。

（二）增强信息制度建立的市场性、流程性和利润性

在信息制度的建立过程中，相关部门可以增强信息制度建立的市场性、流程性和利润性。具体而言，在市场性方面，相关部门可以在农业相关的网站上引入市场运作机制，即促进农户与购买商之间交易的达成，真正为农业的高速发展赋能。在流程性方面，相关部门可以制定农业网络上的交易规则，最大限度地保障从事农业活动主体的权益；并建立相应的惩罚机制，记录部分市场主体的不良行为，实现农业网络市场的规范性。在利润性方面，相关部门可以设定相应的利润比例，这样既能维护网站的运营，也能更好地保障农业网络上经营主体的各项利益，推动整个网络农业的良性发展。

（三）增强信息制度建立的多元性

增强信息制度建立的多元性主要表现在以下三个方面。首先，农业网络经营内容的多元性。在农业网络上，政府和相关部门可以将与农业生产相关的各种元素融入此网站，如融资服务、技术服务以及市场服务等。其次，推动网络经营主体的多元化。在农业网络上，相关部门可以引入多种参与主体，既可以是农业生产者、农业专家，也可以是与农业相关的各种企业，如面粉厂、罐头厂等，真正通过引入多元化的网络主体，增强农业网络的活力，促进各项农业活动的达成。例如，通过此农业网络，农业专家可以参与到农户的生产过程中来，生产出经济效益好、防病虫害强的农业新产品，推动农业的良性发展。最后，促进网络经营方式的多元化。相关部门可以设立多种经营形式，如农户自营、农户合作社、农户产业园等，通过多种经营形式，最大限度地利用、搜集各种农业网络信息，促进农业活动的高效开展，让信息技术为农业的发展插上科技的翅膀。

四、信息服务区的建立

信息服务区的建立是指三产融合发展，为三产融合提供必要的技术支持。在具体的操作过程中，可以从以下三个方面入手。

（一）构建"1+1"产业模式

"1+1"产业模式是农林牧副渔内部的优化组合，立体农业就是此种模式的突出例子。在"1+1"产业模式的构建过程中，相关部门可以充分运用信息技术的便捷性，设立精准性网站，适时地推送各种"1+1"产业模式的示范性案例，让更多的农户了解此种形式，推动农业生产模式的多样化，为农业的增产增收提供必要的技术支持。

（二）构建"1+2"产业模式

在搭建"1+2"产业模式的过程中，可以搭建相应的农业网络平台，促进具有种植优势的农业经营主体与具有资金、技术优势的企业主体之间的合作，实现强强联合，在解决农业销售困境的同时，为企业提供稳定的农产品货源，真正提升农户的经济效益。

（三）构建"1+3"产业模式

"1+3"产业模式是指第三产业和第一产业相融合。为了促进此模式的构建，相关部门可以在其中发挥"穿针引线"的作用，建立相应的信息沟通机制。

1.构建具有乡镇特色的旅游发展模式

相关部门可以构建农业网络系统，发布各个地区的农村发展概况，重点展示各个地区的优势。在此之后，相关部门可以使用大数据搜集各种企业信息，尤其是从事乡村振兴的企业，将各个乡镇发展的概况发送至这些企业，实现农业信息的有效传播，实现企业与乡镇的有效融合，构建出具有乡镇特色的旅游发展模式。

2.构建"线上＋线下"相结合的商业合作模式

相关部门可以搭建农业网络平台，让农户将个人的农产品信息发布到网上，吸引相应的农产品企业，让两者通过线上方式达成合作意向，在线下完成相应的交易，真正构建出"线上＋线下"相结合的商业合作模式。

第三节　国内外智慧农业发展分析

随着信息技术的发展，智慧农业在世界各地呈现"全面开花"之势。智慧农业最早由美国提出，并得到大范围的发展。在本节的论述中，本书主要从国外智慧农业发展分析以及国内智慧农业发展分析两个角度入手。在国外农业发展分析方面，本书主要对美国、英国以及德国的智慧农业发展进行了分析；在国内智慧农业的发展分析方面，本书分析了我国智慧农业发展的制约因素，并提出了解决措施，最后展望了我国智慧农业未来的发展态势。

一、国外智慧农业发展分析

（一）美国智慧农业发展分析

美国的智慧农业发展程度位居世界前列。出现这种现象的原因在于：其一，美国智慧农业起步早。美国是最早开展智慧农业的国家，最早可以追溯到 20 世纪 50 年代。其二，美国的智慧农业信息化水平高。美国的农业基础设施完善，具备较为完善的信息服务体系，可以针对各个农场的发展状况，提供个性化服务。其三，美国创设出了新型的智慧农业生产模式。例如，"科研 + 教育 + 推广"三位一体的新型智慧农业生产模式，"农业信息化 + 农场主"的新型农业生产模式，"农资 + 农业信息化"的生产模式。①

1. 美国农业的发展历程

20 世纪中叶，美国农业生产中开始出现电子设备，大部分的农民逐渐具备熟练操作电子设备的能力。20 世纪 70 年代，美国农户将信息检测技术应用在农业农村生产过程中，准确检测、搜集各种农业生产数据，构建了农业生产数据库。20 世纪 90 年代，美国开始将各种先进技术（如地理信息系统、全球定位系统、遥感技术、网络技术）融入农业生产中，开展精细化的农业生产形式，取得了巨大的成功。直到 2012 年，美国提出了"大数据研究和发展计划"，该计划旨在通过信息技术提升大数据的综合分析能力，其中包

---

① 熊春林，周雅婷，刘芬，等.发达国家智慧农业发展的 PEST 分析及启示 [J].农业科技管理，2021，40（1）：5-9.

括对农业数据的分析能力。截至 2020 年，美国每个农场至少有 50 台农业设备，这表明美国已经从机械化生产、精细化生产向智慧化生产迈进。

2. 美国智慧农业的发展体现

就目前而言，美国有将近 15% 的农场安装了专业的卫星定位系统设备，将各种先进的系统，如网络管理系统、农田遥感监测系统、农业专家系统、全球卫星定位系统等融入了农业的生产过程中，并能根据实际的状况，结合上述系统提供的数据，进行精准化的农业操作，如进行喷洒农药、施肥等。

又如，在日常的农业活动中，美国农场主可以运用专业技术对农作物在氮、磷、钾方面的含量进行分析，即通过卫星定位的方式了解氮、磷、钾在土地中每一区域的投放数量。在此之后，农场主可以在农作物施肥后，通过测量的方式分析农作物氮、磷、钾的吸收问题，并通过前后的对比，了解农作物具体吸收氮、磷、钾的数量，并为后期的氮、磷、钾使用提供必要的数据支撑。

除了可以进行农作物中氮、磷、钾吸收量数据的分析外，美国的智慧农业也体现在农田灌溉上。美国农户在农田中装设农田灌溉系统，可以有效提高水资源的利用率，真正将水滴入植物的根部，实现对水资源最为合理的运用。

此外，为了实现农业生产的有效管理，美国构建了多种农业生产系统，如电子牧场交易系统、农用电报系统等，实现了不同区域、不同农作物之间的精准化管理。

以上种种智慧化的农业生产形式极大地减少了农业生产中的浪费，形成了"高效益、高质量、高水平"的智慧化农业生产方式。

（二）欧盟智慧农业发展分析

1. 欧盟智慧农业发展概况

（1）欧盟智慧农业发展概况。从整体而言，欧盟在智慧农业发展方面存在较大差异，但是仍旧具有较高的信息化占比。在整个欧盟中，农业智慧化程度相对较低的国家有罗马尼亚、塞浦路斯、希腊。随着时间的推移，大多数欧盟国家走上了智慧农业的发展道路。表现最为突出的是西欧和北欧，如芬兰、丹麦、德国等。

（2）欧盟智慧农业发展历程。2012 年至 2018 年欧洲智慧农业的发展历程，如表 1-1 所示。

表 1-1 欧盟智慧农业发展历程

时　间	方案、政策	内　容	智慧农业表现，或是方向
2012 年	《信息技术与农业战略发展研究路线》	提出将农场管理信息系统运用在畜牧业、农业	农业机器人、自动控制系统
2014 年	《智慧农业发展项目——Smart Agri Food 2》	设计研发规模化智慧农业应用软件	
2017 年	《智慧乡村》	提出一系列农业农村数字化举措	"农业创新集群""农产品智慧专业化平台""智慧农村专题工作组"
2018 年	《未来共同农业政策》	农业生产力与可持续的欧洲创新伙伴关系计划	着眼于未来欧盟的智慧农业发展

2. 英国智慧农业发展现状

与其他欧洲国家相比，英国的工业化程度相对较高。英国智慧农业的发展起始于 20 世纪 30 年代，在这个时期，英国已经具备基础性的智慧化农业生产设施。

（1）20 世纪中后叶的英国智慧农业。在 20 世纪 70 年代，英国已经粗具农业现代化规模，其中最为突出的表现是农业数据库系统的构建。一方面该农业数据库系统包含的数据多样，如食品营养数据、动物科学数据、农作物种植数据、农业环境数据等；另一方面该系统中的数据每年会更新，这就为英国农业科研人员提供强有力的数据支撑。

（2）21 世纪的英国智慧农业。在 2012 年年底，英国互联网的普及率已经超过 80%。信息技术在英国的农业地区得到飞速发展，英国农业呈现出智慧化、自动化和机械化的特征，其中突出表现在智慧化农业技术上，如物联网技术、智慧机械、传感识别、遥感监测、卫星定位等。此外，这个时期英国农业开始逐步应用自动控制技术、智慧机器人、专家系统等。[①] 在 2013 年，英国颁布《农业科技战略》，此战略一方面强调了政府与农业部门的协作，旨在推动将农业科技转化成农业生产力，另一方面优化和完善了原有的数据库系统，如支付数据、农业普查数据、全国土壤数据等，提升了英国农业信息化的水平。

---

① 蒋璐闻，梅燕.典型发达国家智慧农业发展模式对我国的启示 [J].经济体制改革，2018（5）：158-164.

在 2017 年，英国智慧农业得到了极大的发展，最为突出的表现是：英国国家精准农业研究中心开展的"未来农场"项目，旨在用智能化机器人开展清除杂草工作。[①]

3. 德国智慧农业发展分析

由于德工工业化程度高，德国城市与乡村之间的差别已经大致消除。在德国的农业生产过程中，农业的各个环节（流通、采集、生产、加购等）已经构成一个完整的生产链，并在各个生产链中融入了信息技术。

（1）20 世纪的德国智慧农业。在 20 世纪 50 年代，德国的农村已经普及了各种先进的通信技术，如电视、电话、广播等。在 20 世纪 70 年代，德国已经在农村地区建立了农业数据库系统，并大面积使用电子模拟技术以及农业经济模型进行农业生产数据的分析，促进了农业生产的高效化和信息化。其中，最引人注目的表现是，德国构建了 30 多个农业数据库系统，包括作物保护剂数据、农药残留数据、害虫管理数据系统等。

（2）21 世纪的德国智慧农业。进入 21 世纪，德国农业得到了极大的发展，如在农村信息基础设施建设上获得了显著发展。除此之外，各项先进技术已经运用在德国的各个方面，包括物联网技术、人工智能技术、卫星定位技术、自动控制技术、遥感技术等。

2013 年，德国进一步加快智慧农业的发展步伐，推出了《工业 4.0 战略实施建议书》，着重强调以新技术进行智慧农业的建设，如运用人工智能技术、互联网技术等。

2016 年 3 月，德国颁布了《数字化战略 2025》，提出了以下三点内容。

首先，推动中小企业与农业发展的融合。德国的促进"中小企业 4.0——数字化生产与工作流程"计划逐步在包括农业在内的所有中小企业中实现为德国智慧农业发展铺平道路。其次，发展电子商务活动。德国政府已经在农村完成光纤网络建设，这促进了农村地区电子商务活动的发展。最后，实现高速光纤网络建设。德国旨在借助社会各界各个主体的力量，如社团、企业等，实现高速光纤网络建设。

---

① 刘建波，李红艳，孙世勋，等.国外智慧农业的发展经验及其对中国的启示[J].世界农业，2018（11）：13-16.

二、国内智慧农业发展分析

关于国内智慧农业发展的分析，主要观点如图 1-3 所示。

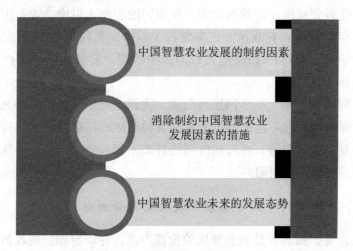

中国智慧农业发展的制约因素

消除制约中国智慧农业
发展因素的措施

中国智慧农业未来的发展态势

图 1-3　国内智慧农业发展分析

（一）中国智慧农业发展的制约因素

与西方相比，中国智慧农业发展得相对较晚，具有较大的提升空间，但是也存在较多的制约因素。

1. 土地较为分散

我国的耕地面积为 127.86 万平方千米，虽然整体的土地面积较多，但是一旦平均到每个人身上，人均土地数量则相对较少。在土地处理方面，我国土地实行家庭联产承包责任制，现阶段的土地集中率相对较低。这就导致在现阶段的智慧农业发展过程中，我国存在较为严重的土地分散的状况，成为我国智慧农业开展的制约因素。

2. 专业性农业人才缺乏

智慧农业具有较强的综合性。为了进一步推动智慧农业的发展，需要专业性的农业人才。专业性农业人才不仅要具备较强的专业知识，而且需要具有较强的信息素质。就现阶段而言，我国的农业生产者并不具备所需的素质，主要体现在以下三个方面。

（1）年龄结构。从年龄结构来看，虽然我国的农业人口所占的比例较大，但是大部分从事农业工作的人员年龄较大。这在一定程度上反映出我国农业专业人才年龄结构不合理，即青壮年劳动力主要集中在城市，农村地区青壮年劳动力缺乏。

（2）受教育程度。经调查发现，在我国的农业人口中，农业生产者的受教育程度相对较低。在我国8亿多农村人口中，有将近50%的农业生产者为中小学学历，有将近13%的人口为高中学历，具备大学学历而从事农业生产的人员少之又少。

（3）网络普及率。从全国层面而言，我国农村地区的网络普及率相对较低，且呈现出明显的不均衡性，即东部农村地区的网络普及率相对较高，中部地区普及率相对中等，西部地区网络普及率相对较低，这也导致现阶段的智慧农业发展面临层层阻碍。

（二）消除制约中国智慧农业发展因素的措施

首先，要加强对智慧农业发展的投资力度，并制定相应的政治、经济政策，促进社会资金向智慧农业流入，在一定程度上解决农业资金需求量大的问题，促进农户迈进专业性的基础设置、农业机械。

其次，降低土地流转成本。各地政府在智慧农业开展过程中，需要从以下两个方面入手：第一，深入土地流转改革，实现土地的集约化管理。各地政府以及相关部门可以结合国家政策和本地状况，建立土地流转制度，真正做到三权分置的明确化。第二，合理处理闲置的农业用地。可以通过让农户及时处理闲置的农业用地，做到将闲置农业用地的效益最大化，促进农业地区土地流转成本的降低。

最后，农业基础设施和农机设备创新。相关部门需要结合本地区农业发展实际，联系农业生产中的各个要素，如农村龙头企业、科研机构以及生产大户等，进行农业工具创新，真正让创新的农业工具推动各项农业生产活动质量的提升。

（三）中国智慧农业未来的发展态势

1.农业生产走向智能化

（1）养殖和种植。在养殖和种植方面，农业生产者可以真正从农业劳作者的身份中解放出来，利用各种先进的技术，进行相应的智慧化管理，如利用自动化系统平台，实现各种数据的精准分析，最终实现中国农业养殖和种植的智能化。

（2）落实食品安全。在落实食品安全的过程中，农业生产者可以运用多种智慧化工具，记录、存储各种与食品安全相关的数据，并在农产品上设置网络识别码，通过农产品扫描的方式，提高安全的系数。

（3）生产管理。在生产管理过程中，农业生产者可以利用土地集中化的优势，使用多种现代化技术手段，提升工作效率，促进农业生产良性发展。具体而言，农业生产者可以将互联网、智能设施等各种先进技术应用在农业生产中，如茬口作业的管理、农业培土的配方等，真正实现农业生产的有效管理，提高农业生产的效益。

2. 突出农业经济新业态

通过运用各种新型技术，农业生产者可以在一定程度上消除各种农业数据在生产、管理和销售环节的不对称性，实现各种农业生产资源的有效互动，提升智慧农业的管理水平。具体而言，相关部门可以构建相应的网站，运用大数据和云计算，为农村地区宣传，打造真正属于乡村的地标性名片，吸引更多的投资，促进农村旅游事业的发展，推动农业经济新业态的形成。

3. 增强农业信息服务的全面性

在增强农业信息服务的全面性方面，可以从以下三个方面入手。

第一，相关部门可以将各种技术融入农业生产和管理过程中，如大数据、云计算等，真正推动现代农业管理的透明性，为农业生产者的农业活动提供必要依据。

第二，做好信息传达服务。相关部门需要做好信息传达服务，即通过大数据、云计算等技术，向农业生产者推送必要的农业生产信息，做好农业信息按时传达的服务。

第三，开展策略性支持服务。相关部门可以将优秀的农业生产管理经验推送给农业生产者，让他们掌握更多的农业生产知识以及决策方法，真正提升农业生产者应对市场变化的能力，促进其更好地进行农业生产，为农业效益的提升创造条件。

第二章 物联网时代下智慧农业的架构及技术

第一节 物联网简介

本节从物联网的概述、特征、发展历程、关键技术、应用领域、发展中面临的挑战六个角度入手，分析物联网与农业技术之间的契合点，旨在搭建物联网与智慧农业的桥梁，促进农业生产的智慧化、科技化，提升农业综合效益。

一、物联网的概述

物联网具有较强的综合性，一方面综合各种技术，如激光扫描技术、红外感应技术、全球定位系统、射频识别技术、传感器技术，另一方面综合各个过程，包括对数据的搜集、整理、连接和再传递，其中涉及的数据信息包括电、光、热、声、位置等，还包括构建人与物、物与物、人与人之间的连接，实现对各种各样外在事物的连接。

二、物联网的特征

物联网具有智能处理性、可靠传递性以及整体感知性三项特性。

（一）智能处理性

物联网可以基于现阶段最新的技术，如大数据、云计算等，有效地进行数据的搜集、整理和转化，实现实时分析、实时检测，并在各种情况下发出精确的指令，达到损失最小化、效益最大化的目的。

（二）可靠传递性

物联网在传递信息的时候需要具有较强的可靠性，即信息传递的可靠性。在信息数据传递的实际过程中，物联网以无线网络和互联网为技术支撑，实现了有效的信息搜集、整合、分析和传递，提升了各项指令执行的效率。

（三）整体感知性

整体感知性是指物联网需要整体感知"网"内的各种事物，包括以下三个方面。第一，同一事物的内部变化。物联网需要监测同一事物内部各种数据的变化。第二，同一事物不同时间的数据变化。物联网需要监测在不同时间阶段同一事物内部的变化。第三，不同事物在同一时刻以及不同时刻的变化。因为物联网需要监测万物，实现万物在数据中的有效传播、利用，所以物联网需要监测不同事物在同一时刻以及不同的数据变化。

三、物联网的发展历程

1995 年，比尔·盖茨在《未来之路》一书中提及了部分物联网的概念，但因为受到如传感设备、无线网络等各种软硬件设施的限制，所以物联网概念并未得到人们的重视。

1998 年，美国麻省理工学院提出了最初的物联网构想，即基于 EPC 系统的物联网构想。

1999 年，美国麻省理工学院的 Auto-ID 实验室提出了具有可操作性的物联网概念，主张在现实生活中融入物联网，即将互联网、射频识别技术与物品编码进行有效融合，实现万物互联，方便人们的生活和工作。也是在这一年，中国科学院开始研究传感网，并取得了突破性的进展。同年，美国在移动计算机和网络国际会议上提出"人类面临的下一个发展机遇就是物联网"。

2003 年，美国学者在《技术评论》中提到，改变人类生活的十大技术之首为物联网技术。

2005 年 11 月，国际电信联盟在《ITU 互联网报告 2005：物联网》中正式提出"物联网"的概念：物联网是指世界万物可以相互连接的技术，即可以借助各项技术，如纳米技术、传感技术、射频识别技术等，实现各项事物的有效连接。

2021 年 7 月，中国互联网协会发布了《中国互联网发展报告（2021）》，指出物联网在我国的市场经济占有份额已经达到 1.7 万亿元，仅人工智能市场所占的份额就已达到 3031 亿元。同年，工信部等八部门印发了《物联网新型基础设施建设三年行动计划（2021—2023 年）》，该计划明确提出，截至 2023 年年底，我国国内基本实现物联网新型技术设施的建设，促进数字化经济的初步成型。这也为物联网在我国的进一步发展提供了政策支持。

四、物联网的关键技术

1. 射频识别技术

射频识别技术（Radio frequency identification technology，RFID），是自动识别技术的一种。完整的 RFID 系统由两部分组成：应答器（即为标签）和询问器（即为阅读器）。应答器和询问器之间具有较强的交互性，即应答器以装有的芯片为发射源，以天线为媒介，向阅读器发送相应的信息，保证阅读器可以实时监测物品的相对位置，达到有效跟踪设备的目的。

2. 传感网

传感网由微型系统组成，微型系统由微型器件系统构成，微型器件系统由微机电系统构成。简言之，微机电系统是传感网的基本单元。因为微机电系统具有较强的独立分析能力，以及较强的数据传输、存储和分析能力，所以无数个微机电系统可以形成一个庞大的传感网，实现物对人的有效监控。带有传感网的物品通过检测人的各种信息，实现对人行为的有效控制。

3.M2M 系统框架

M2M 全称 Machine to Machine，是指数据从一台终端传送到另一台终端，也就是机器与机器的对话。它是一种交互互动技术，目的是实现对物品的智能化控制。此系统框架主要包括五大部分：应用、中间件、通信网络、M2M 硬件和机器。此框架可以以智能网络和云计算平台为技术条件，借助传感器网络实现对相应事物的有效控制，并根据事物的数据信息进行有效的反馈。例如，老人所佩戴的智能传感器手表（其内部为 M2M 系统框架）可以监测老人的血压、血糖、血脂、心跳等数据，并将这些信息及时地发送给子女，实现人机之间的互动。

4. 云计算技术

云计算技术是实现信息快速搜索功能的一项技术。物联网在日常运转过程中可以通过云计算技术，以最短的时间搜集关键性的信息，完成信息数据的整合。将云计算技术运用在物联网的优势是：减少物联网系统中的数据冗余，实现信息的高效计算和传递。

五、物联网的应用领域

（一）智能交通

物联网在智能交通领域的应用包括以下三个方面。

1. 交通拥挤

随着我国机动车数量的逐渐增多，人们在出行的过程中常常面临交通拥挤的状况。对此，通过运用物联网，司机可以通过多种形式的移动终端搜集道路信息，并根据可选择路线的拥挤程度，有针对性地选择相应的路线，提升交通的便捷性。

2. 高速收费

在高速收费的过程中，政府可以设置 ETC 功能，实现车辆信息的有效登记，提升驾驶者驾驶的便捷性。也就是说，在司机行驶到 ETC 通道时，可以通过识别汽车上的移动终端，搜集行驶车辆的信息，并将这些信息传送给道路系统，提前打开关卡，提升司机行驶的便捷性。

3. 停车

智慧路边停车系统是最为常见的物联网应用形式。人们通过应用智慧路边停车系统，可以提前了解停车场车位空余情况，并及时停到相应的位置，提升日常行驶与停车的便捷性。

（二）智能家居

智能家居实现的基础是宽带技术的普及以及智能设备的运用。智能家居的应用实例：人们可以运用手机控制智能终端，在离家很远的地方便能很好地控制家中的各项设备。例如，在炎热的夏季，人们在行驶的途中可以用手机控制家中的空调，让空调提前打开，这样在回家之后便可以享受凉爽的家庭环境。

（三）公共安全

随着气候不稳定因素的逐渐增多，各种突发性的自然灾害时有发生，这给人们的生产、生活带来了极大的不稳定性，甚至会威胁人们的生命和财产安全。针对这种状况，可以将物联网运用在实际的气象监测中，运用各种传感器搜集与气象相关的数据，准确判断未来可能出现的极端天气，并提前做好相应的部署，真正做到"未雨绸缪"，维护公共安全。[①]

（四）智慧农业

随着科学技术的发展，各种新型技术开始融入农业生产中，促进了农业生产智能化的形成和智慧农业的出现。智慧农业可以转变原有的农业生产方式，提高农产品的质量，最大限度地降低农业生产过程中的成本，提升农业的经济效益和社会效益。[②]

常见的智慧农业应用形式有以下两种。

1. 农业监管

在智慧农业的建设过程中，可能出现的人们可以运用物联网中的各项技术，搜集各种农产品的生长数据，提前判断农作物病虫害，及早发现，及早治理，提升农业监管质量。[③]

2. 灌溉应用

通过将物联网引入智慧农业灌溉中，农户一方面可以减少自身的劳动量，另一方面可以实现精准的农业生产，提升农业效益。例如，在花生的灌溉过程中，农户可以使用物联网搜集各种与花生相关的数据，如安装传感器观察花生的光照以及温度，并结合这些数据，判断花生对水的需求量，实现有效的农业灌溉。

---

① 王华，李雯雯. 基于 3S 的农业灾害应急系统设计与实现 [J]. 电子技术与软件工程，2019（14）：57-58.

② 杜克明. 小麦生长监测物联网关键技术研究 [D]. 北京：中国农业科学院，2015.

③ 唐翀杰. 物联网技术在农业气象服务中的运用分析 [J]. 乡村科技，2021，12（27）：121-122.

六、物联网发展中面临的挑战

在具体的物联网面临的挑战中，主要对如图2-1所示的内容进行简要介绍。

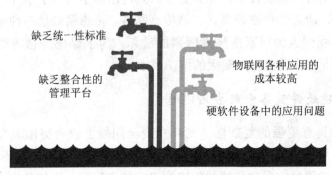

缺乏统一性标准

缺乏整合性的
管理平台

物联网各种应用的
成本较高

硬软件设备中的应用问题

图2-1　物联网发展中面临的挑战

（一）缺乏统一性标准

传统互联网的架构形式并不适用于物联网。现阶段对于物联网标准的建立正处于探索过程中，其不统一性表现为以下两点。首先，物联网的感知层。物联网的感知层存在来源多元化、形式不统一的情况，即各个设备之间的技术标准以及连接端口存在不统一的情况。其次，物联网的网络层以及应用层。因为物联网涉及的行业多样，行业与行业之间的网络类型标准、体系结构以及网络协议存在较大的差异，导致现阶段的物联网在网络层和应用层方面无法建立统一的标准。

（二）缺乏整合性的管理平台

构建整合性的管理平台面临的挑战主要表现为以下两点：一是具有较大的交叉性。众所周知，物联网是一个庞大的体系，内部涉及的内容具有一定的重复性。为了让更多的物联网信息可以条理清晰地排列，相关部门可以构建相应的综合性管理系统，减少不必要的资源浪费。二是缺乏完整的产业链。就现阶段而言，我国各个行业之间的数据存在严重的分裂状况，即各个行业有其独有的物联网，各个行业之间的数据存在一定的隔阂，这就导致物联网整体的优势得不到有效发挥。为此，相关部门可以构建完整的产业链，构建整合性的管理平台，打破各个行业数据各行其是的状态，充分发挥物联网的优势。

（三）物联网各种应用的成本较高

物联网各种应用的成本较高，主要体现在以下两点：一是射频识别技术。为了使用射频识别技术，相关企业需要构建基本的电子单元，即阅读器和电子标签，两者的价格较高。二是传感网络。传感网络是一种多跳自组织网络，极易受到人为因素或环境因素的破坏。为了保证传感网络的正常运转，相关企业往往需要投入较大的维护成本。

（四）硬软件设备中的应用问题

物联网具有更强的复杂性，尤其在安全问题上较为突出。在硬件安全上，传感网络中的传感器暴露在自然环境中，容易受各种外界环境的影响，如风雨雷电的侵蚀，导致传感器的维护面临较多问题。在软件安全上，相关企业在运用射频识别技术的过程中，往往需要在电子标签中植入公司的相关信息，如位置、公司名称等，这在一定程度上存在公司的隐私被泄露的隐患，进而造成一定的安全问题，尤其是当公司相关的安全防线被攻破后，后果不堪设想。

第二节　物联网智慧农业的架构

一、物联网智慧农业整体系统架构

物联网智慧农业整体系统架构由五部分组成，分别是信息采集、数据传输、后台系统、应用软件和用户终端。物联网智慧农业整体系统架构的工作逻辑是：首先，采集信息。在物联网中起到采集信息作用的设备是控制器和传感器。其次，数据传输。在数据传输中，无线通信和有线通信是数据传输的主要媒介。最后，经过后台系统与应用软件的处理后，用户可以通过终端设备浏览整个过程，并结合实际的农业生产状况，适时地控制其中的操作。

（一）信息采集

1. 信息采集的内容

"信息"指的是农业信息。农业信息的采集主要包括以下三个方面的内容。第一，农业生产环境信息。农业生产环境信息主要是指农作物生长环境的信息，如土壤中的养分、湿度以及农作物生长环境中的温度等，水产养殖中水质的情况，畜牧养殖中牛、羊等的生活环境。第二，农作物生长信息。农作物各个生长阶段的信息，如选种信息、生长信息、繁殖信息等，具体而言，指农作物的病虫害信息、农作物的株高、叶面的大小等。第三，其他辅助信息。此类信息即为农业信息与新技术之间相融合的信息，如农作物的定位信息、长势信息等。[①]

2. 信息采集的流程

具体的信息采集的流程以下：首先，搜集信息。控制设备（喷淋控制器、通风控制器等）通过控制农田中的各种设备，实现农田各种信息的有效搜集。其次，传输信息。控制设备以无线网络或是有线网络为媒介进行农业信息的传输，并将这些信息传送到数据处理中心。最后，反馈分析信息。控制设备再次将控制中心中的数据通过无线设备或是有线设备，传递给农田中的各种设备，使其完成相应的指令。[②] 值得注意的是，在此过程中呈现的各种数据状况均可以被客户端查看，进行远距离的控制。

（二）数据传输

常见的数据传输形式分为近距离数据传输和远距离数据传输两种，两种传输方式各有不同，但均运用在智慧农业的建设中。

1. 近距离数据传输

近距离数据传输的场地是农业生产现场，即在农业生产现场部署相应的设备，实现这些设备在网络上的互联，以及设备之间信息的有效传递，促进农业活动的顺利开展。具体的近距离数据传输形式为设备连接网关，网关再连接互联网，实现终端设备以互联网为传播载体与后台以及用户端进行交互的过程。

---

① 刘永军 . 我国智慧农业发展存在的问题及对策 [J]. 乡村科技，2019（34）：49-50.
② 刘建波，李红艳，孙世勋，等 . 国外智慧农业的发展经验及其对中国的启示 [J]. 世界农业，2018（11）：13-16.

2.远距离数据传输

与近距离数据传输不同的是，远距离数据传输的范围是农田现场到服务器之间。常见的远距离数据传输形式包括无线传输和有线传输两种。无线传输的特点，一是不受时空的限制，二是网络连接方式灵活。但是，无线传输也存在无线网络传递数据不稳定、价格昂贵的问题。有线传输的优点是既具有数据传输稳定性，又价格低廉；缺点是受时空的影响大。

（三）后台系统

后台系统是物联网智慧农业整体系统的"CPU"，主要功能是对数据进行深度分析，在结合实际农业生产状况的前提下，向执行设备发出相应的指令，实现农业生产活动的自动化，促进农业高产。后台系统包含的模块较多，不同的模块负责不同的功能区域。以数据存储与处理模块为例，该模块的主要作用是进行农业生产数据的存储、整理、分析和运用。更为重要的是，该模块具有特定的思维逻辑，可以通过大数据和云计算，对农业生产数据进行建模，发现各种农业生产的规律，为后续的农业生产活动提供可借鉴的策略。

（四）应用软件

应用软件特指针对农业生产而构建的软件，又称专家系统。为了更为直观地展示应用软件中的相关内容，本书按照如图2-2所示的内容进行介绍，并在下文中进行详细论述。

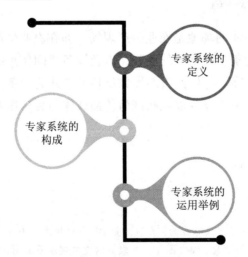

图2-2 应用软件的内容

1. 专家系统的定义

专家系统是一套以人工智能知识工程为理论方向，对农业数据进行获取、推理的计算机软件系统。值得一提的是，专家系统中人工智能知识工程包含的内容多样，既包括农业领域的各种知识和技术，也包括农业专家长期的实践经验总结，还包括各种适用于农业发展的数据模型。

2. 专家系统的构成

专家系统主要由五部分构成，分别是知识获取部分、解释器部分、推理机部分、数据库部分以及知识库部分。在这五部分中，核心部分是推理机部分、数据库部分以及知识库部分。

3. 专家系统的运用举例

以控制大棚中的湿度为例，农业专家可以在专家系统中设计相应的规则。例如，当白菜大棚中的湿度小于最小的预设值时，则专家系统自动打开喷淋系统。值得注意的是，专家系统中的规则需要由专业的农业专家制定，农户不能自主设定专家系统中的数值。

（五）用户终端

用户终端能方便用户直接观察智慧农业中各种业务开展的实际状况，是用户观察智慧农业各项活动的访问端口，这种访问端口分为硬件访问端口和软件访问端口两种。硬件访问端口主要是指各种电子设备，如平板电脑、智能手机、台式电脑等。软件访问端口常见的两种访问形式为客户端访问和浏览器访问。

二、物联网智慧农业系统网络架构

物联网智慧农业系统网络架构主要由三部分构成，分别是应用层、网络层和感知层。

（一）应用层

应用层是物联网智慧农业系统的核心，主要的工作内容是识别和治理农业疾病、管理生产过程中的农业环境等，最终的目的是对感知层的数据进行深入分析，并得出对应的结论数据，将这些数据再次传递到控制设备中，完成对农田现场的智能管控，增强农业生产的自动化和智能化。

（二）网络层

网络层的主要作用是提供信息传播的媒介，进行实时性、动态性的信息传播。网络层的主要信息数据、信息源（包括控制命令以及农业数据信息）是在感知层中获得的。常见的网络传输形式包括 3G、4G、5G、CDMA、LAN、WLAN 等。

（三）感知层

1. 感知层的构成

感知层由视频监控设备、传感器、射频识别技术设备构成。

2. 感知层的工作逻辑

感知层通过通信模块中的节点，如 CAN 节点、Zigbee 节点等，与物联网智能网关连接，实现各项农业活动数据采集和监测的实时性、动态性。为了真正发挥感知层的作用，感知层以物联网智能网关为载体，将上层应用发布的执行命令信息传递给继电器，操控对应的控制设备，完成相应的农业活动操作。值得注意的是，在此项操作过程中，农户可以运用远程控制开关，更为直观和全面地控制农业生产的过程，改善农业生产的各项环境。

第三节　物联网智慧农业的技术

一、物联网智慧农业的关键技术

（一）智慧农业数据感知技术

常见的智慧农业数据感知技术，分别为 RS 技术、GPS 技术、条形码技术、RFID 技术、传感器技术。

1. RS 技术

RS 技术的全称是遥感技术，此项技术主要通过运用高分辨率传感器进行地面光线的搜集，并形成相应的光谱反射，通过光谱反射的方式对地面物体进行全方位的观测。这项技术可以运用在估测农作物产量以及对病虫害的预防上。

2. GPS 技术

GPS 的全称是全球定位系统，这是一种全方位的定位导航技术。这项技术具有全球性、动态性以及实时性的特征。此外这项技术可以实现三维导航和测速。此项技术可以充分运用在智慧农业的生产过程中。比如，准确进行大型机械设备的导航工作，农户可以运用 GPS 技术指挥大型机械设备进行喷洒农药、收割等各项农业活动。

3. 条形码技术

条形码的最终目的是被识别。条形码技术具有较强的综合性，其融合了多种技术与理论，如条形码印制技术、通信技术、计算机技术、光电技术以及条码理论。

条形码的工作原理是通过光电扫描设备进行条形符号的迅速识别，达到高效录入数据、实现有效管理的目的。就智慧农业发展的角度而言，条形码技术主要运用在识别农产品上。

4. RFID 技术

RFID 技术的全称是射频识别技术，在现实生活中被称作电子标签。RFID 技术工作原理是以射频信号为信号传播源，以空间耦合为主要方式进行无接触式的信息自动识别。射频识别技术在农业方面已经得到大范围的运用，如在疯牛病的检测方法上。美国将射频识别技术标签移植到牛的耳朵上，并将牛的全部资料记录在此标签上，对这些带有标签的牛进行全面的跟踪，旨在提高对牛的甄别能力，保证市场上牛肉的质量。

5. 传感器技术

传感器、通信技术、计算机技术是信息技术的三大支柱。传感器是指可以将各种外界信号（如光、温度、湿度等）转化成输出信号的装置，主要通过利用各种效应，如生物效应、化学效应、物理效应等，将三种性质的非点物理量转化成电量，实现对相应物品的控制。

从农业角度说，传感器可以检测各种农业要素。在种植中，传感器可以检测水、肥、气、光、温度等。在养殖业中，传感器一方面可以检测各种空气，如二氧化硫、二氧化碳、氨气等；另一方面可以检测空气中各项指标，如湿度、温度等。在水产养殖中，传感器可以检测各种参数，如浊度、溶解氧率、酸碱度等。

（二）智慧农业数据传输技术

智慧农业数据传输技术主要涉及两项技术：一项技术是移动通信技术，另一项技术是无线传感网络技术。这两项技术的本质是促进农业信息技术的传播，实现农业数据传播的交互性和共享性。[①]

1. 移动通信技术

移动通信技术中的通信内容从最开始的数字通信，到后来的语音通信，再到后来的图片通信，一直到现在的视频通信，通信方式的多样性促进着信息传播的高效和稳定。随着我国农村农民生活水平的提升，我国农民的手机普及率已经达到了 80%。手机的普及大大地促进了各种农业信息的有效传播，也为更好地进行远距离操控提供了高质量的移动终端，促进了智慧农业的构建。

2. 无线传感网络技术

无线传感网络技术以无线通信为形式，以多级网络系统为载体，以大量传感器节为传输机构，可以进行各种信息的采集，并发送给观察者。在众多的无线传感网络技术中，最为出名的是紫蜂（ZigBee）技术。这项技术主要用于短距离、低速率的数据传输，所传输的数据具有低反应时间、间歇性、周期性的特性。ZigBee 这项技术在农业方面主要运用在灌溉农田、水产养殖、追溯农产品质量、检测农业资源等方面。[②]

（三）智慧农业数据处理技术

如图 2-3 所示，最为常见的智慧农业数据处理技术主要包括农业视觉数

---

① 蒋璐闻，梅燕.典型发达国家智慧农业发展模式对我国的启示 [J].经济体制改革，2018（5）：158–164.

② 唐婧清，赵威，程钰森，等.物联网技术在智慧农业中的应用及发展模式创新 [J].南方农机，2020（24）：10–11.

据处理技术、农业数据诊断推理技术、农业智能决策技术、农业智能控制技术以及农业预测预警技术等。智慧农业数据处理技术的基础是农业知识，手段是各种农业技术，它是技术与知识的综合体，具有较强的智能性，可以在一定程度上为用户提供农业生产各方面的数据，是物联网的关键性数据之一。

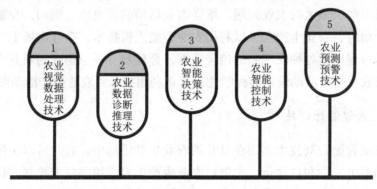

图 2-3　智慧农业数据处理技术

1. 农业视觉数据处理技术

农业视觉数据处理技术，简而言之，即通过采集、处理农业常见的视觉数据，实现对农业各种数据的有效分析。比如，及时发现各种潜在的病虫害、动植物缺乏相关因素的状况，从而提升农业活动的有效性。在农业视觉数据采集过程中，农业专家以及农户常常从所采集数据的纹理、颜色、形状以及亮度等多个角度入手，对农业对象进行分析，促进农业活动的良性进行。

2. 农业数据诊断推理技术

农业数据诊断推理技术指农业方面的专家以研究对象的表象为依据，灵活采用对应性的方法，完成对研究对象的科学判断，提出有针对性的策略。值得注意的是，农业数据诊断推理技术可以运用在实际农业生产的方方面面，如农业病虫害的预见性检测、农业病虫害发生史等，能最大限度地解决农业生产过程中存在的各种问题，提出有针对性的解决策略，将农业生产活动中的损失降到最低，最大限度地提升农业生产的经济效益。常见的农业数据诊断推理技术的模型为"症状＋疾病＋病因＋策略"的模式。

3. 农业智能决策技术

农业智能决策技术是一种集各种云计算、大数据于一体的综合性智能系统。此种综合性智能系统包含以下内容：AMS——农业管理数据系统、AES——农业专家系统、AKMS——农业知识管理系统、DSS——决策支持系统、BI——商务智能系统、AI——人工智能。通过运用农业智能决策技术，农户可以将这些系统运用在日常的农业生产活动中，合理安排农业活动，以最小的损失解决最大的农业问题，增强农业活动的高效性。例如，在制订农业生产计划时，农业生产者可以利用农业智能决策技术，整合市场上一季度农业生产过程中的各种农产品的销售数据，合理制订下一季度的农业生产计划，增强农业生产活动设定的科学性，真正利用技术为农业生产活动赋能。

4. 农业智能控制技术

将农业智能控制技术运用在日常的农业生产活动中，农户可以实现农业生产活动的可控性和自动化，实现对农业生产资料运用的精准控制，促进农业生产效率的提高。就现阶段而言，农业智能控制技术基于各种理论，如信息论、人工智能理论、控制论、系统论等，为农业智能控制技术提供了必要的理论指导。在实际的农业生产过程中，农户可以综合运用农业智能控制技术，合理控制施肥、灌溉的时机，真正在合适的时间、合适的位置，使用合适的方式进行有针对性的农业生产活动，提升农业管理的精准性。

5. 农业预测预警技术

农业预测预警技术的基础有两项内容：第一，观测和搜集技术。农业预测预警技术需要大范围地搜集相应的农业数据，需要多种技术的支持，如RS、GPS等，更为精准地实现数据的采集。第二，整合和分析技术。农业预测预警技术需要强有力的数据支撑，以及对数据的分析和整合能力。具体而言，在农业的生产活动过程中，农户可以运用此项技术搜集各种农业生产数据，一方面可以是气象资料、环境、土壤等，另一方面可以是农业生产条件，如卫星影像、饲料、化肥农药等，并将这些数据与此项技术中储存的数据进行对比，构建相应的农业生产数据模型，为后续的决策制定提供必要的数据支撑，推动农业生产活动的有效开展。在实际的农业生产过程中，农户可以结合具体的农业生产活动经验，运用此项技术，对农业生产对象进行分析，或是进行有针对性的数据采集，与大数据库中的数据进行对比，真正找准问题的原因，制定合适的农业活动生产策略。这样一方面可避免相应病虫害的发生；另一方面能最大限度地解决这些农业生产问题，真正从病虫害发生前、发生中以及发生后多个角度入手，构建相应的生产策略，促进农业活动的良性开展。

二、物联网智慧农业的技术应用

（一）智慧农业数据感知技术的应用

就现阶段而言，我国的智慧农业数据感知技术尚处于小范围的应用阶段，此项技术的成本、运用的可靠性尚未得到全面的、数据化的论证。对此，本书主要结合现阶段最为常见的、可操作性强的农业生产实例进行有针对性的介绍，为广大同人提供借鉴。

1. 大规模的田间种植

为了提高单位面积农作物的产量，大部分乡村地区开始使用大规模的农田间种植生产模式，这就为智慧农业数据感知技术的应用提供了契机。在实际的农业生产过程中，农户可以运用智慧农业数据感知技术，开展大规模的农业生产活动，科学、全面地检测田间种植的各种数据，制订相应的农业生产活动计划或解决农业生产问题的策略，提升农业活动的有效性。

具体而言，农户可以从以下两点入手。

（1）明确数据检测内容。农户可以运用数据感知技术，检测多项农业生产数据，如光照强度、土壤湿度及温度、空气湿度及温度、二氧化碳浓度等。

（2）提供有针对性的策略。通过运用大数据感知技术，农户可以实时关注农业生产状况。例如，农户可以运用此项技术观察病虫害的病变过程，在全面观测、找准有针对性的问题后，提出相应的应对策略，真正解决农业生产过程中的各项问题，提高农业生产活动的质量。

2. 大范围的园艺管理

农户可以将智慧农业数据感知技术应用在园艺管理过程中，感知各项园艺生产数据，即各种农作物的生长参数，如光照强度、土壤湿度及温度、空气湿度及温度等，为后期的园艺管理提供必要的数据支撑，促进整体园艺管理水平的提升。在实际的落实过程中，园艺农户可以参照以下几点获得管理方面的借鉴。

（1）建立农业生产监控网站。建立农业生产监控网站的目的是全方位、立体化地获取相应的园艺生产数据，如各种园艺种植中的数据，包括土壤含水量、土壤肥力、土壤中的各种微量元素等。通过对这些数据的采集，园艺农户可以以这些数据为依据，运用农业生产监控网站进行各项环境的调控，实现园艺管理的高效高产。

（2）构建植物生命数据控制网络。农户以及农业专家可以运用智慧农业数据感知技术，构建植物生命数据控制网络，观察各种花卉的生长信息，如花卉叶子的面积、茎秆直径、花艺作物苗情长势等，并结合专业数据进行针对性的分析；可以从叶绿素的含量、光合速率、叶片温湿度等处进行有针对性的判断，在各种花卉产生问题之前制定相应的管理策略，促进各种花卉的健康成长。

3. 大范围的畜禽养殖

农户可以将智慧农业数据感知技术应用于畜禽养殖的各个方面，如畜禽的养殖环境以及畜禽的健康状况等，以制定相应的养殖策略。在实际的执行过程中，农户以及专家可以构建畜禽管理与技术相融合的系统，如自动报警系统、自动数据传输系统、自动管理系统、自动供料系统，从而实现数据与智能管理的有效连接。

具体而言，农户在实际的畜禽管理过程中可以运用智慧农业数据感知技术检测畜禽的生命体征数据，如畜禽的疾病信息、摄入食物数量，以及畜禽的行为、体重、体温等基本信息，并以这些信息为依据，运用各种系统，分析畜禽的生理健康状况以及营养吸收状况等，提出有针对性的养殖策略，促进畜禽的健康成长。在数据采集的过程中，农户可以结合实际运用多种手段，如视频采集、传感器检测等。

4. 大面积的水产养殖

农户可以根据实际的水产养殖需要，灵活运用智慧农业数据感知技术进行多角度的数据采集，为后续水产活动的顺利开展提供必要的数据支持，提高整体的水产管理质量。

农户可以运用智慧农业数据感知技术，测量各种水文环境以及水产品的特征，为后续的管理提供必要的数据支撑，提升水产管理的整体水平。具体而言，农户可以从数据的采集以及应用两个角度入手。在数据采集方面，农户可以运用专业的遥感器械进行熟知参数的采集，如采集水环境的浊度、盐度、温度等。在数据应用方面，农户可以运用专业的智能系统对水产品中的各项数据进行对比，并再次通过遥感器械发现造成此种现象的原因，制定对应性的水产养殖策略，提升水产养殖的高效性。具体而言，农户可以从以下两点切入。

（1）水质检测预警管理。在水质检测预警管理的过程中，农户可以从以下两方面入手：一是运用智慧农业数据感知技术，检测各种数据。农户可以一方面将数据感知技术应用在各项水质参数的检测中，如检测水源的 pH 值、温度、溶解含氧量等；另一方面将数据感知技术应用在其他的数据检测中，如风速、光照度等。二是构建诊断与预警系统。在进行各项水产数据的搜集后，农户可以将这些数据输入专家系统中，并与数据库中的数据进行对比，发现其中的数据变化，并根据实际的危害程度，制定相应的预警机制，在水产养殖过程中做到"及早发现、及早解决"，提高水产养殖的管理效率。

（2）水产养殖的策略制定。在水产养殖的策略制定过程中，农户可以运用智慧农业数据感知技术，对不同养殖环境下的鱼类进行行为数据的采集，如采集鱼类的速度、游动性、运动距离等数据。在采集上述数据后，农户可以借助各种系统，如决策支持系统、农业知识管理系统、农业专家系统等，对上述数据进行立体性的分析，构建有针对性的策略模型，制定相应的水产养殖策略，促进水产养殖活动的高效进行。

（二）智慧农业数据传输技术的应用

如图 2-4 所示，数据传输技术可以运用在智慧农业的各个领域。从农业生产中的现状分析，智慧农业数据传输技术的应用领域有如下几个方面。

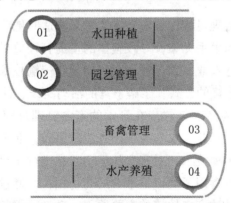

图 2-4　智慧农业数据传输技术的应用领域

1.将智慧农业数据传输技术应用在水田种植中

智慧农业数据传输技术相当于信息传输的"神经"，可以传递各种与农业相关的信息。在水田种植过程中，农户可以结合农业生产实际，灵活应用多种数据传输模式，实现水田种植数据的有效传播，为更加科学地进行水田管理创造良好的条件。具体而言，在智慧农业数据传输技术应用过程中，农户可以结合实际的生产需要将通用分组无线业务（Gerneral Packer Radio Service，GPRS）与 ZigBee 技术传播相融合，开展有针对性的水田管理。比如，根据土壤墒情合理地进行水田灌溉，并注重引入信号可靠的传输方式，真正保障水田生产数据从农田现场到系统终端，再从系统终端到农田现场传输的稳定性和可靠性，从而获得良好的水田管理效果。

2. 将智慧农业数据传输技术应用在园艺管理中

在园艺管理的过程中，农户可以将智慧农业数据传输技术融入其中，将各种数据从数据检测系统向中央系统转移，真正实现信息的有效传递，促进园艺管理质量的提高。在实际的落实上，农户可以根据园艺管理的规模，合理采用有针对性的传输系统。例如，针对小规模的园艺管理，农户可以采用 ZigBee 网络传输技术，实现各种园艺生产信息的有效传播。又如，农户可以将园艺区域中影响动植物生长发育中的各种数据，如土壤中的水分、空气中二氧化碳的浓度、光照强度等，将这些数据以 ZigBee 的网络形式，在最短时间内完成传播，为园艺管理质量的提升提供必要的硬件支持。

3. 将智慧农业数据传输技术应用在畜禽管理中

在实际的畜禽管理过程中，农户常常对无法适时地获取各种畜禽的位置信息以及健康状况而束手无策，导致整体的畜禽管理效果较差。针对这种状况，农户可以将智慧农业数据传输技术，如无线传输技术应用在畜禽管理的过程中，通过无线连接的方式，了解畜禽的活动路线、饮食状况等。

以实际的管理为例，某农户在日常的家禽管理过程中发现部分家禽出现身体抽搐的状况。对此，农户为了调查清楚原因，在家禽身上安装了定位系统，并采用无线传输技术，对家禽的运动状态进行实时监测。检测的结果是部分家禽在山脚下食用了类似玉米粒的药物颗粒，通过对这些药物进行检测发现此种药物是导致家禽抽搐的主要原因。通过运用智慧农业数据传输技术，农户实现了对家禽的远距离观察，真正了解了造成家禽疾病的原因，解决了家禽管理中的问题，提高了家禽管理的整体水平。

4. 将智慧农业数据传输技术应用在水产养殖中

众所周知，我国是水产大国，中国占世界 60% 以上的水产养殖量。但是，我国部分地区的水产养殖方式仍采用初级形式，人们还常常运用提高水产养殖密度的方式获得更大的经济效益。但是，这种方式一旦管理不当极易导致缺氧，造成更大的经济损失。针对这种状况，农户可以转变原有的生产观念，引入淡水养殖溶氧度自动控制技术，即通过无线传播的方式，对水中的各项数据进行有针对性的检测，如水体中的氨气、溶氧度、温度等，即时关注水体的动态，提出有针对性的水体应对策略，真正提供良好的鱼类产品生活环境，促进鱼类产品的健康成长，获得良好的经济效益。

（三）智慧农业数据处理技术的应用

智慧农业数据处理技术包含多方面内容，如数据挖掘、智能搜索、预测预警模型、决策支持、植物生长模型等，并通过大量的应用软件实现上述功能，促进农业生产活动的高效开展，提升整体的农业生产管理效果。具体而言，农户可以将智慧农业数据处理技术应用在以下两个方面。

1. 数据挖掘技术在种植业中的应用

（1）运用数据挖掘技术提供科学的生长环境。农作物种植的初期，农户可以运用数据挖掘技术，对本地区各类农作物的生长数据进行挖掘，如降水量、气温以及日照时间等，充分挖掘这些数据与农作物在不同生长时期的关系，并建立有针对性的农作物生长模型，促进农作物的茁壮生长。具体而言，农户可以通过各种感知技术记录初期农作物的生长状态，并构建农作物在各个生长阶段的数据库，将这些数据与实际农作物的生长数据进行对比，发现其中的差异之处，寻找其中的原因，制定相应的策略，为农作物的生长提供科学的生长环境，发挥数据挖掘技术的积极作用。

（2）运用数据挖掘技术开展施肥和灌溉。在施肥的过程中，农户可以充分运用数据挖掘技术，挖掘各种信息，如土壤中的 pH 值以及有机物的含量，将现有的土壤特点与施肥过程进行有效结合，提升土壤中适宜农作物生长的有机物的比例。具体而言，在施肥的过程中，农户可以依据之前记录的气候特点、土壤成分，以及对应的化肥品种，将这些数据与现有的土壤数据进行对比，并考虑当前气候以及未来气候的发展变化，适时提出有针对性的施肥策略，让农作物在生长过程中汲取所需的营养，提高农作物的产量。

在灌溉的过程中，农户可以运用数据挖掘技术了解现阶段应用的灌溉方式所存在的优势以及不足。与此同时，农户需要结合本地的实际状况，运用数据挖掘技术引入适合本地区的灌溉方式，喷灌、滴灌或是微灌，从而最大限度地运用水资源，提高农作物的产量。

（3）运用数据挖掘技术进行病虫害防治。在现阶段的农作物病虫害中，农户发现的最为常见的农作物病虫害为小麦铁锈病、棉铃虫、玉米螟、白粉病、稻飞虱等。这些病虫害的发生极易诱发各种疾病，进而严重影响农作物的产量。针对这种状况，农户可以运用数据挖掘技术，实时关注农作物生长情况数据，并及时发现一些变化的数据，对这些数据进行深度剖析，及时发现可能出现的各种病虫害前兆。

2. 植物生长模型在园艺管理中的应用

农户可以将植物生长模型运用在园艺管理的各个方面。主要有模拟叶片数、模拟株高、模拟花的品质三种场景的运用形式。

（1）运用植物生长模型模拟叶片数。叶片的数量、出叶和展叶等是影响观赏植物美观的重要因素。影响叶片数量以及出叶、展叶的重要因素是光照和温度。为了得到良好的叶片数以及出叶状况，相关技术人员通过构建植物生长模型的方式，探究定植时间、出叶数以及温度之间的关系，合理控制相关要素，真正做到让观赏植物按"需"生长，培养出叶片形态优美的观赏植物。

（2）运用智能生长模型模拟株高。在实际的农业生产过程中，在运用植物生长模型模拟株高方面取得了以下两个方面的进展。第一，通过构建长寿花盆栽品质模型，对不同温度和光照条件的长寿花株高进行动态化的模拟，得出了长寿花的平均节间数量和节间长度。第二，通过建立菊花节间生长模型，发现了温差对节间生长的影响。

（3）运用植物生长模型模拟花的品质。花的品质的构成要素由花的数量、质量以及花枝、花茎的长度等组成。就目前而言，植物生长模型发展尚处于初级阶段，本书主要从现阶段取得的成果的角度进行简要介绍。第一，相关技术人员运用月季采收期预测统计模拟模型，以及相应的回归技术，进行月季品质的预测，对月季花的花叶的数量、单株花叶的面积、花茎长度等进行预测。第二，相关技术人员可以通过测量长寿花与花头的数量，构建相应的植物生长模型，分析地上部总干样质量与花头数量之间的关系。

第三章　智慧农业中的感知技术

第一节　农业信息传感内容与技术

一、农业信息传感内容

（一）水体信息传感内容

水体信息传感内容包括养殖水体、浊度、电导率、酸碱度、温度和溶解氧六部分内容。它们不但影响生物的生长状况，而且与经济效益有密切联系。水产养殖者需要重视以上因素，并注重在日常管理过程中对上述因素进行合理调整。

1. 养殖水体

养殖水体对水产品的产量和质量有重要影响。养殖水体中各个要素的含量比例与鱼类的生长有密切联系。例如，养殖水体中有机物的含量过高会影响水质。[①]

为此，渔业农户需要对养殖水体进行检测。常见的养殖水体检测方法有两种，分别为光学检测技术和电化学检测技术。光学检测技术是一种综合性的技术，包括浊度叶绿素检测技术和溶解氧检测技术。光学检测技术的优势是维护方便，具有较强的稳定性。电化学检测技术包含三项关键性技术：一是 pH 值检测技术，其基于离子选择电极法；二是电导率检测技术，其基于电极电导法；三是溶解氧检测技术，其基于极谱法。这项技术的优势是效果

---

① 王威，米合日阿依·阿卜力克木，彭步迅. 物联网技术在农业中的应用 [J]. 现代农业科技，2020（22）：245-246.

稳定，反应速度快，尤其是在海水处理中较为明显。[①]

2. 浊度

浊度即水的透明程度，主要反映的是水体含有各种物质的比例。常见影响浊度的水体物质包括颗粒物、病原体以及细菌。浊度越高意味着水中的有害物质含量越高，对水中生物的危害越大。最为常见的测量浊度的方法是散射光测量法，即以测定液体中悬浮粒子的散光强度判定液体的浊度。

3. 电导率

（1）电导率的定义及检测。电导率是检验水体中无机物污染程度的综合标志之一。检测电导率的主要工具是传感器。常见的传感器有两种，分别是接触型传感器和无电极型传感器。接触型传感器的主要用途是检测相对干净的水体；无电极型传感器的作用是检测污水，这种传感器的优势是不易结垢，也不易被水体污染。

（2）电导率在水体中的应用。氨氮在水体中的含量是衡量养殖水体质量的重要指标之一。养殖水体中氨氮的主要来源是生物的粪便、死亡的藻类以及残饵。氨氮的浓度越高，则水体的富营养化程度越高，进而对水体的污染程度越高，继而严重影响鱼虾抵抗疾病的能力以及生长速度。为此，农户需要加强对养殖水体中氨氮含量的检测。

在实际的氨氮含量检测过程中，农户可以运用电导率进行检测。氨气在水体中以游离氨和铵离子的形式存在，水体中的离子数量越多，则水体的导电能力越强。假如，养殖水体的电导率较高，则在一定程度上可以说明水体中具有较多的离子，因而养殖水体存在被污染的可能。在实际的操作过程中，农户除了需要关注电导率之外，还需要关注具体的养殖状况。

4. 酸碱度

（1）酸碱度的定义。酸碱度又被称为氢离子浓度指数，具有较强的参数性，是衡量酸碱程度的重要标准，也是显示氢离子在溶液中所占比例的重要指标。

（2）酸碱度的作用。酸碱度的作用主要体现在以下三个方面：第一，农户可以运用酸碱度指标控制水体中弱酸、弱碱的离解程度。第二，农户可以

---

① 白彦霞. 物联网技术在智能农业中的应用 [J]. 价值工程，2020，39（10）：209-210.

运用酸碱度指标，在一定程度上消解液体中的有毒物质，如硫化氢、氯化物和氨。第三，农户可以运用酸碱度指标防止底泥重金属的释放。酸碱度指标运用得好，不仅可以改变生物繁殖的环境，而且能够控制水质的变化，为生物提供良好的养殖水体环境。

5. 温度

温度是水质检测的重要参数之一。农户可以将温度作为基本的参数依据，进行造成水体温度变化的原因分析，如溶解氧、酸碱度等，为后续水产养殖的顺利开展提供策略性的数据支撑。常见的检测水温的工具为铂电阻温度计。

6. 溶解氧

（1）溶解氧的定义。顾名思义，溶解氧是指水体通过一系列与空气中氧气的反应，可以是生物反应也可以是化学反应，还可以是两者的综合反应，形成的与水相互溶解的氧气。

（2）影响溶解氧的因素。影响溶解氧的因素多种多样，其中最为关键的是：第一，空气中氧的分压。分压越高，则溶解氧的量越多。第二，水温。水温越低，则水中的氧气含量越多。第三，水的深度。水越深，含氧量越少。第四，水中藻类和盐类的含量。水中的藻类盐类越多，则水中的含氧量越多。第五，光照强度。受到热胀冷缩的影响，养殖水体承受温度越高，则水温越高，相对养殖水体中的含氧量越少。

（二）土壤信息传感内容

土壤信息传感内容包含三部分，分别为土壤电导率、土壤中生物成长必备的元素、土壤水分。通过研究这些内容，农户可以结合农作物的实际生长情况以及土壤中的成分适时地施肥、灌溉，以保证农作物的顺利生长。

1. 土壤电导率

（1）土壤电导率的影响因素。影响土壤电导率的因素有三点，分别为土壤内部的结构以及颗粒的大小、土壤保持水分的能力、土壤中有机物含量。

（2）土壤电导率的研究方法。常见的研究土壤电导率的方法有时域反射法、电极电导法、电磁法、传统分析法。在这四种方法中，特别适用于农业物联网的检测方法为时域反射法、电极电导法、电磁法。

2. 土壤中生物成长必备的元素

土壤中生物成长必备的元素有钾、磷、氮。这三种元素是农作物生长所必需的。钾的作用是促进新陈代谢，磷的作用是促进农作物化合物的合成，氮同样是农作物中重要化合物的组成部分。最为常见的进行土壤检测的方法为实验室化学分析方法。

3. 土壤水分

（1）土壤水分的定义及来源。土壤水分是指在土壤中保持的水分。土壤水分主要有四个来源：一是人工水，即灌溉水；二是地上水，即常见的地上水为降水以及近地面的凝结水；三是地中水，即土壤中矿物质所含的水分；四是地下水，即由于地下水位上升，引起的土壤中含有的水分。

（2）土壤水分的重要意义。土壤水分的重要意义主要表现为以下两点：一是参数性。农户了解了土壤水分的参数，可以助力后续其他农业生产活动的开展。二是对农业生产的影响。农户通过测定土壤水分既可以进行化学物质的检测，又可以进行产量的预测，也可以进行水资源的有效运用，还可以检测农作物的生长。

（3）进行土壤水分检测的重要方式。提升土壤水分检测的能力是开展精细农业变量灌溉的重要途径，因此，农户需要重视土壤水分的检测。常见的土壤水分检测有张力计法、中子法、射线法、电容法、电阻法、介电法、烘干法。

（三）农业气象信息传感内容

农业气象信息是分析过去和当前气象条件对农业生产影响情况的报道材料，包含的内容多样。农业气象对农作物的生长产生影响。如图 3-1 所示。

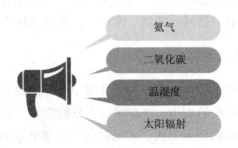

图 3-1　农业气象信息传感内容

1. 氨气

（1）氨气的来源。在农场中，氨气主要有以下两个来源：一是舍内环境。在舍内环境中，粪便、垫草、饲料残渣通过一系列的化学、生物以及物理变化，以有机物分解的形式产生氨气。二是肠道环境。此部分中的氨气主要来自生物的肠胃消化物、排泄物等。在此，本书主要介绍尿氨。尿氨是一种极容易被脲酶溶解的液体，以尿素的形式存在，可以溶解成二氧化碳、氨气。

（2）氨气的作用。在此部分的论述中，本书主要从氨气的负面作用进行简要介绍。以养猪为例，当猪舍中的氨气浓度达到 20ml/L 时，猪会出现食欲减退和紧张、畏光的现象。当氨气的浓度在 50～200ml/L 时，猪可能会出现腹泻或呕吐。当氨气的浓度超过 200ml/L 时，持续时间较短时猪会出现流涎以及轻微打喷嚏的状况，持续时间较长后，猪则会出现肺炎等呼吸疾病。为了避免上述情况的发生，农户需要在农场中安放检测装置，这样做能预防有害气体的危害，进而减少不必要的经济损失，保证农户的财产安全。

2. 二氧化碳

（1）二氧化碳的作用。合理的二氧化碳浓度，一方面可以促进光合作用的进行，另一方面可以促进农作物的生长，提高农作物中的有机物含量，提高农作物的产量和品质。

（2）二氧化碳的浓度影响。在农作物的生长过程中，为了满足其对二氧化碳的需求，农户需要结合不同的时期，适时提供不同的二氧化碳浓度。以温室大棚为例，在温室大棚中进行农作物种植时，农户可以结合不同的时期，合理控制二氧化碳的浓度。在白天，由于农作物需要进行光合作用，所以它们需要较多的二氧化碳。为此，农户需要提高温室大棚中的二氧化碳浓度。

3. 温湿度

温湿度对日常的农业生产活动有重要影响。以植物为例，假如空气中的湿度较小，土壤中的水分较大，则植物会出现较为明显的蒸腾作用，植物生长较好。湿度也会影响病虫害的发生。例如，棉蚜以及红蜘蛛适宜生存在湿度较小的环境中，这提示农户需要破坏这种环境，避免在农作物中产生红蜘蛛或棉蚜。此外，湿度较小也会导致白粉病的发生。

在温度方面，以植物种植为例，植物的生长发育有三个基本温度点，即最低温度、最高温度以及最适温度，这三点温度合称为三基点温度。对大多数植物而言，维持生命的温度在 −10℃ ~ 50℃，此两个温度的极端值为最高和最低温度。植物的生长温度为 5℃ ~ 40℃，发育温度为 10℃ ~ 35℃，此两个温度区间为最适温度。在实际的农业生产中，农户为了降低地面温度，通常采用无纺布、秸秆等不透明的覆盖物覆盖土壤的方式，旨在提供良好的农作物生长温度环境。

4. 太阳辐射

太阳辐射的主要作用是为农作物的光合作用提供动力源，促进农作物中有机物的合成和生长。在不同时期，农作物往往需要不同的辐射波段。太阳辐射对农作物的意义表现为：首先，有利于农作物在生长过程中获得足够的热量；其次，有利于促进农作物高效地完成光化学的反应；最后，有利于为农作物的生长提供动力源。总而言之，太阳辐射对农作物在各个阶段的生长起着重要作用。

二、农业信息传感技术

（一）水体信息传感技术

将农业水体传感技术应用在水体检测过程中，农户可以了解养殖水体中各种微生物以及化学元素的含量，结合具体的数据以及水生作物的特点灵活调整水体中的各种微量元素，促进水体作物的健康成长。

较为常用、成熟、快速的水质检测方法有荧光熄灭法、生物传感器法、光谱分析法以及分析光度法。就现阶段而言，较为常用的水质参数有浊度、温度等。

1. 荧光熄灭法

荧光熄灭法的原理是以荧光熄灭浓度与荧光强度的减小比例为模板进行检测的一种常用的方法。此种方法已经广泛应用在氧参数的检测上，具有较高的便捷性，深受广大农户的青睐。

2. 生物传感器法

常用水质检测电化学传感器包括电极式传感器和离子选择电极传感器

两种。电极式传感器主要是通过水中特定离子或分子与电极表面物质发生电化学反应，从而引起检测电路中产生变化的电压或电流，通过检测电路中电压或电流变化值的大小来反映水体中特定指标。离子选择电极传感器又称离子电极传感器，是一类利用膜电位测定溶液中离子活度或浓度的电化学传感器。

3. 光谱分析法

光谱分析法可以判定物质，也可以确定化学组成，还可以进行相对含量的测定。常见的光谱分析法包括原子发射光谱法和原子吸收光谱法。

4. 分析光度法

分析光度法是以测量特定波长吸收光的程度，分别从定性和定量两个角度入手进行的分析形式。常见的波长范围为红外线区、可见光区、紫外光区。常见的测量分析光度的仪器分别为原子吸收分光光度计、红外分光光度计和可见光分光光度计。

（二）土壤信息传感技术

常见的土壤传感器应用到的知识包括电化学、空气动力学、声学、机械、光学、电磁学等。土壤传感器主要的测量数据包括离子成分、有机物含量、耕作阻力、电导率、含水量等。几种较为常见的土壤信息传感器，分别介绍如下。

1. 土壤湿度传感器

土壤湿度传感器具有高灵敏性、高精度的特点，主要的操作原理是电脉冲工作原理，这种传感器具有检测快捷、工作稳定，易于克服土壤中金属离子以及化肥的影响的优势。

2. 土壤温度传感器

土壤温度传感器的工作原理是运用高精度热敏电阻进行测量土壤温度的传感器。此种传感器以电路集成模块为基准，结合不同的农户的生产需求，让农户灵活地调整土壤传感器中的电压、电流，实现准确测量土壤温度的目的。土壤温度传感器的优势：第一，体积小，便于携带，可靠性高；第二，具有专有性线路，具有较强的负载能力；第三，抗干扰能力强、传输距离长。土壤温度传感器广泛应用于农业、工业、气象以及实验环境中。

3. 土壤电导率传感器

土壤电导率传感器是以石墨电极为载体、由 MCU 控制的测量部件。此种传感器具有以下三项优势：第一，线性好，量程大；第二，观测方面抗雷击能力强；第三，稳定性强。土壤电导率传感器主要运用在各个场景中，如农业、实验室、海洋以及气象中。

（三）农业气象信息传感技术

农业气象信息传感器的用途是测量多种气象数据，包括地温、二氧化碳含量、风速、风向、气压、湿度等。在传统的农业气象观测过程中，农户经常运用目测或是简单的器械测量，但是这种测量方式缺乏一定的科学性。为此，农户需要引入科技含量高、预测精准的气象信息传感技术。本书在此主要介绍两种农业气象信息传感器。

1. 光合有效辐射传感器

光合有效辐射传感器主要是测量 600 纳米左右的光合有效辐射，并具有操作简单的特性。此种设备可以与数字电压表进行连接，利用可通过 600 纳米作用的光的硅光电探测器工作。具体的工作原理是，当光照射到光学滤光器时，会产生一个与入射辐射强度成正比的电压信号，其灵敏度与入射光的直射角度的余弦成正比。此种设备主要应用在农业气象的观测上。

2. 光照度传感器

光照度传感器是以实际的光照为依据进行实际光照调控的，以实现为农作物生产提供良好光照的目的。光照度传感器的工作原理是将光照度转化成电信号，并根据光照合理控制植物叶面气孔的闭合，达到增强或削弱光合作用的目的。光照度传感器具有的优势有防水、防尘、适应各种恶劣环境（高温、低温）。

第二节 农业定位内容与技术

一、农业定位内容

农业定位内容包括农业遥感和农业定位导航跟踪。本书主要从这两方面进行论述，旨在为农户在农业方面进行有效的科技产品运用提供必要的数据支持，推动智慧农业高效、良性发展。

（一）农业遥感

农业遥感包括农业遥感技术及其应用两方面的内容。现代科学技术能够为农户的生产活动提供一定的便利，推动智慧农业的高效发展。

1. 农业遥感技术

农业遥感技术具有较强的综合性，包含网络技术、数据库系统、计算机技术、空间信息技术等。

2. 农业遥感技术的应用

（1）农业遥感技术使用的范围。通过运用农业遥感技术，农户可以借助全球定位系统、地理信息系统等，整理和调整农业生产过程中的各个数据，如进行生态环境监测、农作物估产、农作物种植结构调整，以及农业资源分配等，实现全方位的农业数据管理。

（2）农业遥感技术形成的条件。农业遥感技术是多重技术共同作用的技术。在此，本书主要从理论和实践两个角度入手。在理论方面，农业遥感技术是基于农田信息遥感反演理论方法以及作物生长发育参化量形成的；在实践方面，农业遥感技术是基于农作物遥感动态监测技术、农业机械导航定位技术，还有上文中提到的计算机技术等形成的。

（二）农业定位导航跟踪

1. 关键性技术：3S 技术

农业定位导航跟踪主要是指 3S 技术，3S 技术具体是指遥感技术、地理信息系统以及全球定位系统。3S 技术应用在农业生产活动中的方方面面，如农产品质量检测、农业生产过程、农业资源调配等。在实际的农业基础信息系统构建过程中，全球定位系统是构建智慧农业的重中之重。遥感技术和地球信息系统是开展处理基础信息的重要组成部分。

2. 3S 技术的应用实例

农业定位系统主要对各种大型机械设备进行准确的定位，并进行有针对性的工作设计，实现对机械设备的远程控制，提升整体的农业生产智慧化水平。

以农业北斗农机自动导航驾驶系统为例，此项系统是以信息技术为基地，以时—空位置为参考量开展的一整套现代化的农业操作系统。此种系统的作用主要体现在以下三方面：第一，在改善农业生产环境的基础上，进行各种农业资源的有效利用；第二，进行科学化的管理，如"技术组合""优化配方""系统诊断"等，最大限度地对土壤进行调整，调动土壤的生产力，以最小的投入获得最大的收益；第三，合理调整土壤的性状，为水肥的合理调控创造条件。在此，本书主要介绍 3S 技术在农业北斗农机自动导航系统中的应用。

（1）遥感技术在农业北斗农机自动导航系统中的应用。通过将遥感技术应用在农业北斗农机自动导航系统中，农户可以采用多种分析方法，如光谱分析法，了解各种农作物在田间的生长状况，并结合相应的图形，准确判断农业生产活动中的病虫害，提升农业生产的管理效率。

（2）地理信息系统在农业北斗农机自动导航系统中的应用。将地理信息系统安装在农业北斗自动导航系统中，农户可以充分运用此系统中的农作物管理空间数据库，进行有针对性的空间活动。例如，农业机械在运行的过程中出现遇到障碍物的状况，可以提前运用地理信息系统中的数据，合理地进行避让，提升农业生产活动的高效性。

（3）全球定位系统在农业北斗农机自动导航系统中的应用。将全球定位系统融入农业北斗农机自动导航系统中，农户可以对农业机械设备进行更好的定位，并在此过程中，根据不同的目的，开展不同的农业生产活动。例如，在收割时节，农户可以设置农业机器的行走路线，实现自动化的农产品收割。

二、农业定位技术

在此部分主要从如图 3-2 所示的三个角度论述农业定位技术，并在下文中简要介绍三项技术在农业生产中的运用，以及它们是如何促进智慧化农业的构建的。

图 3-2　农业定位技术

（一）全球定位系统

全球定位系统是一种运用于物体定位的综合性系统。此种定位系统主要运用于农业生产活动中的方方面面，如智能农机、农田采样、农田运输设备等。全球定位系统主要由 GPS 信号接收机、地面控制系统、GPS 卫星星座三部分构成。全球定位系统的工作原理：首先，高空中的 GPS 卫星向地面发送 L 波段的无线电测距离信号。其次，地面用户信号接收机接收此种信号。最后，GPS 卫星再次确认用户接收机的位置。全球定位系统的优势：首先，精度高、观测时间短。其次，提供三维坐标，既可进行直观性观测，又可进行全天候观测。最后，应用范围广，功能多样。我国自行研制的北斗卫星导航系统便是一款定位系统，它的成功研制，有利于在农业生产活动的过程中极大地降低农业生产生本，实现农业的精细化管理。

（二）地理信息系统

1.地理信息系统的定义及优势

地理信息系统是以位置信息为基点的多种信息总和的系统。它的优势在于：第一，构建可视化、流程化的数据呈现模式。此种技术一方面可以进行科学化的数据流程分析，如数据的采集、整理和分析；另一方面可以进行三维化的视频展示。第二，为辅助决策、预测预报以及空间分析提供多元性的数据材料。第三，属于计算机软件系统，是一种缩小型的空间信息模型。

2. 地理信息系统在农业生产中的应用

在农业生产过程中，农户可以将此项系统应用到以下农业生产活动中。首先，管理农田土地数据、农作物的苗情，查询土壤条件等。其次，绘制各种农业生产活动图形，如农田土壤信息图形、田间长势图形、各种农作物的产量图形等。最后，对农业生产资源实时监控。农户运用各种传感器，检测各种与农业相关的数据，对农作物进行实时监管，构建各种农业生产数据模型图，促进农业生产活动的顺利开展。

（三）遥感技术

1. 遥感技术的特点

遥感技术可以辅助农户准确定位各种农业生产活动信息，如农作物的生长信息、农作物的生态环境信息等。遥感技术的特点：第一，就空间而言，遥感技术运用的范围广；第二，就光谱特性而言，遥感技术不仅可以探测可见光，还能以可见光为基点向两侧延伸，提升观测的实际范围；第三，就时相特性而言，遥感技术是周期性成像，这有利于环境监测和动态监测。

2. 遥感技术在农业中的应用

在实际的农业生产活动过程中，农户可以将遥感技术运用在灾害的损失评估、农业生态环境的检测、农作物长势的监测、农作物产量的估算，以及检测和估算农作物播种的面积等方面。此外，随着其他先进技术的应用，如无人机技术等，遥感技术可以与无人机技术进行有效融合，实现更为远距离的无线控制，为农业生产活动的高效执行赋能。

三、农业定位技术的应用

（一）控制农业机械

1. 变量施肥播种机在农业生产活动中的应用

精细化农业变量控制，是指农户将大块田分成小块田，以小块田为最小单元，搜集对应的农田信息，并结合实际的农业生产活动状况，如农作物的生长状况以及土壤中的养分状况，进行的一种较为科学的田间施肥或播种变量的信息处理方式。

常见的处理方式为通过针对不同区域的施肥量以及播种量信息，进行合理的播种控制，即控制播种机器的移动位置以及播撒种子、化肥的数量，实现精细化农业管理的效果。为此，农户需要了解多方位的数据，需要运用地理信息系统，并结合实际状况，灵活运用不同精度的数据，如国家基础地理信息系统（NFGIS）数据等。

2.联合收割机在农业生产活动中的应用

在运用联合收割机的过程中，农户可以将地理信息系统以及全球定位系统安装到联合收割机中，并结合实际运用产量传感器以及全球导航卫星系统（GNSS）技术，进行以下的操作：首先，搜集各个区域中农作物的产量分布图；其次，运用专家系统，合理整理和统计这些产量分布图，并分析各个地区产量差异的原因，制定相应的策略；最后，根据制定的策略进行有针对性的投入—产出比计算，即在每一块土地上合理进行投入—产出比的分布，真正实现农业生产效益的最大化。

3.无人驾驶拖拉机在农业生产活动中的应用

农户可以运用安装全球定位系统的无人驾驶拖拉机，实现24小时不间断精准作业。在没有驾驶员的基础上，农户可以根据实际需求，设置相应的无人驾驶拖拉机运行路线，让其结合实际生产需要，进行农业生产活动安排，实现无人化的智能化农业生产管理。

（二）合理灌溉和施肥

1.实行精准化农药喷洒

进行精准化农药喷洒的原理是农户运用GNSS系统，进行高清图农业现场的拍摄，并在此过程中，大面积地搜集和整理各种数据，准确判断出各个地区农作物的长势，已发生病变的区域，进行针对性的农药喷洒。更为重要的是，人们可以运用遥感技术，根据病虫害产生的原因以及数量制定对应性的策略，促进病虫害的解决。如果病虫害出现的范围较大，则农户可以运用GPS，引导无人机结合预订的路线，进行针对性农药喷洒，提升农药喷洒的精准性。

2. 实现精准化农田灌溉

在精准化农田灌溉的过程中，农户一方面需要考虑灌溉的各项要素，如灌水成分、灌水位置、灌水量以及灌水时间；另一方面需要结合具体农作物对水量的需求，合理制订相应的农业灌溉计划。具体而言，农户可以运用GNSS系统，采集各种与灌溉相关的数据，如地温、土壤湿度等，并运用专家系统，合理调整农田灌溉策略，实现农田灌溉的精准化。

第三节　物联网感知技术的应用

一、物联网感知技术在土壤墒情方面的应用

（一）物联网感知技术在土壤墒情方面应用的意义

物联网感知技术在土壤墒情方面的应用主要以制订茶园物联网解决方案为基准，运用物联网感知技术，实现土壤墒情的合理控制，确保茶树的健康生长。在方案的制订过程中，农户可以构建全流程的质量追溯系统，构建合理的土壤墒情管理模式，促进茶园经济效益的提升。

（二）物联网感知技术与土壤墒情应用系统的构建

在实际的土壤墒情应用系统的构建过程中，专业技术人员可以以物联网感知技术为依托，构建相对完善的智慧化种植生产管理系统，运用多种感知技术，测量多种与土壤相关的数据，如大气温度、二氧化碳浓度、光照量、土壤湿度、土壤 pH 值、雨量等，并运用相应的控制机制，完成相关的设备操作，合理控制土壤墒情，为提升茶叶产量创造良好的土壤环境。在实际的系统构建过程中，专业技术人员可以从以下三个方面入手进行土壤墒情应用系统的构建。

1. 实时监控系统

为了实时监控茶园环境，相关技术人员需要运用多种物联网感知技术，即使用多种传感器，如土壤湿度传感器、土壤温度传感器、土壤电导率传感器等，进行土壤环境的测量，包括土壤的湿度、pH 值、温度以及光照度等，

并将这些数据实时传给手机端或是电脑端，方便农户实时了解土壤的各种状况。

2. 专家系统

相关技术人员可以运用专家系统，整理之前茶园中土壤的历史数据，并将这些数据与现有搜集的数据进行对比，从数据的不同之处入手，分析现阶段茶园种植中存在的具体问题，并制定相应的茶园土壤管理策略，构建良好的茶园土壤环境。

3. 预警与告警系统

在预警与告警系统的构建过程中，相关技术人员可以设置不同的数据阈值，即当土壤数据超出临界值时，则会发出相应的警告，如发出声音、做出提示语等，并将这些提示语发送到手机上，即时进行相应设备的管理，促进良好土壤环境的构建。

（三）物联网感知技术在土壤墒情方面的应用措施

1. 运用物联网感知技术，构建智能灌溉系统

在自然条件下，由于各个季节中降水量不均，导致茶树实际出茶效果不佳。针对这种状况，农户可以在茶园中设置智能灌溉系统，并安装相应的土壤温度以及湿度传感器，了解土壤中的实际含水量。与此同时，灌溉系统还可以将实测的数据与专家系统中储存的数据进行对比，合理采用相应的灌溉方式，如流灌、滴灌、喷灌等，利用物联网感知技术，搜集对应的土壤温度以及湿度数据，实现科学灌溉，营造良好的土壤环境，促进茶树的生长。

2. 运用物联网感知技术，构建视频监控系统

在进行监控的过程中，农户同样需要搜集各种数据，尤其是土壤数据。针对这种状况，相关专业人员可以运用物联网感知技术，引入土壤电导率传感器，进行多种土壤数据的检测。例如，运用土壤电导率传感器，测量土壤中的水分和盐分，并将这些数据传送至视频监控系统中，实时通过对土壤中有关数据的观察，实现合理的茶田监管，促进良好水土环境的构建。比如，在实际的生产过程中，农户发现土壤电导率传感器反映出土壤中的水分过高，但是实际上天气晴朗。针对这种状况，农户及时赶到茶园中查看，发现

茶园水管泄漏。由此可知，通过运用物联网感知技术，农户构建视频监控系统，可以实时观察土壤数据，及时发现各种突发状况，并最终获得良好的土壤管理效果。

二、物联网感知技术在养虾智能管理中的应用

（一）物联网养虾智能管理系统的组成

感知技术是指用于物联网底层感知信息的技术，包括射频识别技术、传感技术、GPS 定位技术、多媒体信息技术及二维码技术等。

1. 物联网传感器技术

物联网传感器系统包括光照强度传感器和温度传感器。这两个传感器的作用：第一，检测水体中溶解氧的含量；第二，检测水体的 pH 值；第三，进行其他水体物质的测量，如氨氮含量、亚硝酸盐含量等。

2. 视频监控系统

农户需要在养虾智能管理系统中安装可移动监控设备，以实现实时观测、远距离观测、视频观看等，随时观看物联网中传感器传达的各项数据，及时进行相应策略的制定，促进养虾工作的合理进行。

（二）物理网感知技术在虾类养殖中监测水域水质的应用

众所周知，水质是影响虾类养殖的重要元素。在进行虾类养殖过程中，水的 pH 值需要保持在 8 左右，误差不能超过 0.5，并且保证水质的透明度在 35 厘米左右，误差不能超过 5 厘米。与此同时，为了保证虾类在生长过程中不出现脱壳问题，以及预防病虫害的发生，农户既要运用石灰溶液调节水质，又要经常注入新水。农户可以运用物联网传感器检测以下三项数据。

1. 运用电导率传感器，控制氨氮含量

在虾类养殖过程中，氨氮主要来自虾类产生的大量的排泄物和虾类的尸体。氨氮的含量过高不仅会影响虾类的生长，还会造成大量虾类死亡，进而造成严重的经济损失。为此，农户需要构建相应的检测系统，并安装电导率传感器，实时监测水体中的氨氮含量。

2. 运用物联网传感技术，合理控制 pH 值

pH 值对于虾类的生长具有重要影响，pH 值偏低，水体呈酸性，容易引起虾类虾鳃病变，并滋生大量的细菌。pH 值偏高时，水体呈碱性，容易造成虾类脱壳困难，食欲减退，生长缓慢。针对这种状况，农户可以运用物联网传感技术，安装 pH 值测试探头，当 pH 值超过正常数值后，测试探头会向水口阀门传递信号，进行相应的阀门控制，让水池可以自行换水，合理控制 pH 值。

3. 使用物联网传感技术，进行溶解氧检测

溶解氧的含量与虾类的生长发育密切相关。为了合理控制溶解氧的含量，农户可以将物联网技术应用在检测溶解氧的含量中，即当溶解氧的含量低于正常阈值时，系统会自动打开增氧泵，提升水体中的氧气含量。

（三）物理网感知技术在虾类养殖中监测水域环境的应用

1. 运用光照强度传感器，合理控制光照时长

为了促进虾类健康生长，提升虾类的品质，农户需要合理控制光照时长。为了达到此目的，可以在养殖水体中放入光照强度传感器，检测养殖水体的光照时间，并在光照时间较短时，进行有针对性的开窗处理。

2. 运用温度传感器，合理控制池内温度

温度是影响水产养殖的重要因素之一，其中涉及的温度包括空气温度、池内温度、进水口温度。为了保证虾类在各个区域可以获得相应的温度，农户可以运用温度传感器进行全天候的温度检测，及时查看养殖水体的温度，并在温度反常时及时进行调整。

总而言之，在虾类养殖的过程中，农户需要重视养殖水体管理，并注重引入多种物联网传感技术，运用多种传感器，进行多项数据检测，及时关注各种数据，并结合实际的生产需要，进行有针对性的操作，实现有效的虾类养殖管理。

三、物联网感知技术在温室大棚中的应用

为了实现农业温室大棚的高效管理，合理地调整光照、风量等，农户

可以运用物联网传感技术，引入多种传感器，如二氧化碳传感器、光照强度传感器、湿度传感器、温度传感器等，为温室中的农作物提供合适的生长环境，促进农作物的生长。

1. 运用物联网传感技术进行病虫害防治

农户可以在温室大棚中运用遥感技术，通过光谱分析的方式，分析大棚中已经产生或是潜在的病虫害，并进行动态化、全天候的病虫害监测，分析病虫害出现的原因，制定相应的策略，为农作物的生长提供良好的生活环境。

2. 运用物联网传感技术进行气象环境监测

在温室大棚管理的过程中，农户需要实时关注各种气象数据，如空气中的温度、湿度、大气压力、气体浓度、风速方向等，并结合这些气象数据合理安排温室大棚中的工作。例如，针对一些极端天气，农户可以运用光照度强的传感器及时发现各种突发情况。又如，中午农户在房间内睡觉时，听到手机发出的预警声，发现突然下起大雨，此刻就可以运用手机控制温室大棚中的各项设备，实现有效管理，将损失降到最低。

第四章　动态数据库管理系统

第一节　动态数据库管理

一、数据管理存储

（一）数据管理的发展

数据管理的发展可分为三个阶段，即初级阶段、中级阶段和高级阶段。如图 4-1 所示。

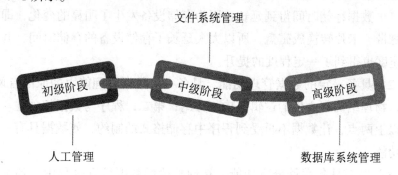

图 4-1　数据管理发展的阶段

1. 初级阶段：人工管理

在 20 世纪中叶，计算机的主要作用是进行单纯的数字计算，此时期的存储设备是卡片和磁带。在这个时期，数据管理存储具有以下四个方面特点。

（1）不具备长期存储信息的能力。在 20 世纪中叶，计算机主要在信息机构用于实验研究，受到当时各种条件的局限。如存储容量相对较小，加上人们并未具有主动将此数据存入计算机中的意识，导致此时期的计算机缺乏长期存储信息的能力。

（2）仅应用程序管理数据。在此时期的数据管理过程中，程序员在编程时，一方面进行程序结构的逻辑设计，另一方面需要基于物理结构的数据存储方式进行设计。由此可见，此时期并没有专门的应用软件进行数据管理。

（3）数据共享性缺乏。出现数据不具有共享性的原因在于——每一个数据有其各自的程序，而且各个程序之间并没有共享性。这也是导致部分数据不能共享，进而造成一定程度的数据冗余的原因。

（4）数据修改复杂。因为程序员在制定程序的过程中，需要设计与之对应的数据存储方式，所以在进行数据修改时，程序员往往需要更改相应的数据存储方式，给程序员带来了极大的工作量，也进一步说明数据修改的复杂性。

2. 中级阶段：文件系统管理

20世纪60年代，人们一方面开始运用磁鼓、磁盘等方式存储数据，另一方面已经有专门的应用程序管理数据。这种管理数据的程序为文件系统，由三部分构成，分别是数据结构、被管理的文件、与文件相匹配的软件。此时期的数据管理具有以下四个特点。

（1）数据存储时间得到延长。因为存储设备发生了明显的变化，即由原先的磁带、卡片转换成磁盘，所以大大延长了存储设备的存储时间，并且其存储速度也得到了一定程度的提升。

（2）具备一定的数据管理功能。具备一定数据管理能力的原因有两点：第一，物理结构与文件的逻辑结构相分离；第二，程序与数据相独立。正是由于以上两点，让数据不再受到程序中存储格式的制约，使数据具有一定的管理功能。

（3）仍不具备数据分享功能。在现阶段的数据管理过程中，各个文件之间是相互独立的，假如两个文件的数据大致相同，则需构建各自独立的文件，但仍不具备相互分享的功能，依旧出现大量数据的冗余。

（4）数据修改仍然复杂。在现阶段的数据修改中，程序员要想修改数据，需要修改相应的应用程序以及文件自身的结构定义，这无疑会提高数据的修改难度，给程序员的工作带来挑战。

3. 高级阶段：数据库系统管理

自20世纪60年代以来，计算机的功能日益强大，应用的范围随之逐渐扩大，导致计算机储存的数据量逐渐增大。在此种背景下，数据库技术开始出现，并产生了专门的软件系统，即数据库管理系统。在这种系统的影响下，人们不仅可以共享数据，而且用户与用户之间还能进行有效沟通。在此时期，我国的数据管理经历了由文件管理向系统管理的过渡，具有以下四个方面的特征。

（1）数据具有高效的共享性。因为数据是由统一的数据库管理系统管理，所以多个用户可以进行同一数据的共享，也可以进行不同数据的交换，还可以同时将同一个数据存储在同一个数据库中，这说明此时期的数据具有较强的共享性。

（2）数据具有较强的开放性。数据的开放性主要体现在以下三点：一是数据面对的不再是一个文件，而是整个系统；二是数据可以被多个人同时使用；三是数据可以被人们扩充。

（3）数据具有较强的结构化。数据结构化的突出表现是，一方面需要描述数据本身，另一方面需要描述数据与数据之间的关系，这是文件系统与数据库系统最为本质的区别，也是此阶段数据存储的主要特征之一。

（二）动态数据库的特点及现实意义

1.动态数据库概述

动态数据库是集多种系统于一体的数据控制应用系统，包含数据采集系统、实时控制系统、CIMS（Computer Integrated Manufacturing System）系统。在实际的动态系统运作过程中，用户可以运用此系统进行操作，达到合理控制数据的目的，如进行数据的调度、分析，为日后的行为找到数据支撑，增强数据的共享性，提升数据的运用效益。

2.动态数据库的特点

（1）具有较强的数据存储能力。为了提升数据的存储能力，程序开发者可以进行三级化的压缩机制，分别从内核硬盘子系统、内核内存子系统、客户端进行压缩。这种三级压缩的形式可以实现无损性压缩，即灵活设定相应的压缩模式，在一定程度上解决数据同质化问题，提升数据的存储能力。

（2）呈现多种格式的数据展示。在现阶段的动态数据库系统存储过程中，程序开发人员可以结合实际的农户生产状况，灵活选择相应的数据展示形式，如字符串、浮点数、整数等。与此同时，程序开发人员可以运用百万级以上的数据点进行合理的数据库系统设置，真正满足农户的实际生产需求。

（3）提升系统的综合信息处理能力。主要体现在以下两点：第一，数据库的内核具有较强的扩展性，可以存储多种形式的硬盘系统；第二，数据库的内核具有较强的负载均衡能力，能够实现数据的有效共享和处理，最终达到提升系统综合信息处理能力的目的。

（4）提高数据系统运行的稳定性。主要体现在以下两点：第一，数据库系统具有现代操作系统的高级功能。因为系统中有此种高级功能，所以在数据库运行终止时不会出现数据丢失的状况。第二，数据库系统中有可靠的日志系统。该日志系统的作用是保障非硬盘系统在修复过程中可以正常运转，并保证数据系统工作逻辑的科学性。此外，当数据系统的故障被修复后，该日志系统可以保障数据系统在几秒内恢复到正常的工作状态。

（5）提升数据系统运行的弹性。主要体现在两个方面：第一，在跨平台操作方面，程序开发者可以结合实际的工作需要，灵活设置多种形式的主流操作系统，如 Unix3、Linux、Windows 等操作系统，将数据库系统融入不同的操作平台中，提升动态数据库系统的工作适应性；第二，动态配置方面，程序开发者可以在系统运行期间运用动态数据库系统中的动态配置功能，进行多种数据源的修改、删除、添加等，并提升数据操作的可延迟性，以及数据控制的灵活性。

3. 使用动态数据库的现实意义

（1）有利于降低数据的维护成本。主要体现在以下三点：第一，开发周期短，降低了数据的维护成本；第二，构件的稳定可以大大降低数据的维护成本和时间；第三，用户可以充分运用数据库灵活性的特点，结合生产实际进行针对性的数据调整，大大降低数据维护的成本。

（2）缩短动态数据库周期。现阶段的数据库系统框架采用的是构件化的系统形式，这种形式有利于程序开发人员进行多种系统构件的布置，如进行系统构件的定制、扩充、修改等，最大限度地减少各种操作程序，缩短动态数据库周期。

（3）提高数据库系统的工作效率。农户可以以实时数据为桥梁，构建农业生产现实与移动客户端之间的连接，让农户可以实时关注农业的生产状况，并采用针对性的策略，促进农业生产活动开展的精准性，提高数据库系统的工作效率。

（4）提升工作方式的便捷性。从农业生产活动的角度而言，农户可以从一个工作站上同时关注各个农田的生产现状，真正从传统的农业实地考察中解放出来，提升农业生产活动的便捷性，获得良好的农业生产效益。

二、云计算平台数据管理与分析

云计算平台是一种虚拟化的资源形式，是互联网服务形式的增加，信息搜集以及处理能力的增强，它基于硬件资源和软件资源的服务，提供计算网络和存储能力。云计算平台最为核心的特点是将运行机制运用在云端，减轻客户端移动设备的负担，最大限度地提升数据的应用能力。

（一）云计算平台的特点

云计算平台的特点多种多样，为了构建云计算平台的特点与农业的连接，本书着重找出具有代表性的云计算特点，并运用如图 4-2 所示的内容进行简单概括。

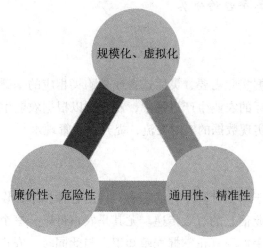

图 4-2　云计算平台的特点

1. 规模化、虚拟化

规模化是指云使用的大范围相对较广，为了提升云使用方法的便捷性，云企业可以使用上千个服务器，最大限度地提升云服务的规模。在虚拟化过程中，用户并不受原有的信息获取的局限，而是根据实际需要，灵活进行不同时空的信息数据采集、搜集以及整理工作，真正享受"虚拟化"云的便捷性。

2. 通用性、精准性

通用性是指用户可以运用多种形式开展针对性的云应用，实现各种情景的云资源搜集，提升综合数据整理能力；精准性是指用户可以结合个人的实际需要，从储存云的含量以及云的内容入手，进行数据的搜集和整理，提升数据综合运用能力。

3. 廉价性、危险性

由于云自身蕴含信息的丰富性，人们可以在云上获取免费的数据，或是相对成本较低的数据，享受更为便捷的数据服务。在危险性方面，人们在运用云计算平台的过程中需要注意数据的安全性，保证自己的移动终端不受病毒的入侵，增强数据运用的安全性。

（二）云计算平台的分类

1. 硬件

农户可以根据实际需要，灵活选择或是购买相应的基础设施，更好地实现云服务。在实际的农业生产过程中，农户可以根据农业生产需要，构建相应的硬件设施，实现数据的实时交流，提升农业管理水平。

2. 平台

农户可以基于对云计算平台的理解，借助各种技术，设置相应的农业交流平台，实现农业信息的有效传递。尤其是农户可以分享个人的养殖经验和困惑，在此过程中可以真正掌握养殖知识。与此同时，农户可以构建与经销商的连接，为顺利实现多种形式的交易创造条件，充分发挥云计算平台的技术优势。

3. 软件

农户可以结合实际生产需要，邀请专门的云计算技术人员，结合农业生产过程中的实际状况，设置相应的软件，并在此过程中，将农业生产与此软件的运用进行有效融合，如将各种传感器的信息数据格式与软件中的格式相匹配，并运用此软件建立农业数据库，与农业专家进行联系，为提升整体的农业活动有效性赋能。

（三）云计算凭条在林业生产中的运用

云计算凭条在林业生产中的运用主要从云计算平台在林业生产过程中的运用入手，构建相应的云计算平台模式，促进林业管理效率的提升，获得良好的林业管理效果，最大限度地提升云计算平台的管理效益。

1.云计算平台在林业生产中的运用思路

云计算平台运用在林业的生产过程中，农户可以借助专家的力量，结合实际的林业生产状况，合理设置林业云计算平台，提升整体的林业管理效果。在实际的林业云计算平台的构建过程中，农户可以从以下三个方面入手。

（1）构建标准化的林业分享数据库。在林业云计算平台的构建过程中，农户可以在政府的帮助下设立统一的信息存储规则，让更多的云计算平台参与者、建设者遵循信息传播的规则，实现林业信息的有效传递，促进林业管理质量的提升。

（2）构建集群化的林业服务平台。农户可以构建垂直性的林业集群管理模式，以村为单位，实行层层信息传递，促进高效信息传达机制的构建。在进行平行性林业集群的构建过程中，农户可以以具体的林业种植对象为依据，进行针对性的林业集群构建，实现同一林业信息的高效传递。通过构建集群化的林业服务平台，农户可以从垂直性和平行性两个角度进行沟通，促进林业信息的有效传达。

（3）构建共享性的林业服务模式。农户可以从以下两个方面入手：第一，开发个人性的林业共享平台软件。农户可以结合实际的林业生产需要设定专业的农林软件，合理整合林业的各种数据，并建立科学的数据模式，将实际生产中的数据与科学数据进行对比，找出其中的差距，并制定对应性的策略，以促进林业活动的顺利开展。第二，设置开放性软件系统。农户可以根据实际的林业生产需要，构建具有开放性的林业智慧平台，实现与林业云计算平台之间的连接，使林业资源数据的有效共享，拓宽农户的管理视野，让他们可以总结个人的林业管理经验，学习更多的林业管理方法，促进农户综合林业管理能力的增强。

2.云计算平台在林业管理体系构建中的应用

相关技术人员在将云计算平台融入林业管理体系的过程中，一方面需要了解实际的林业生产需求，另一方面要能够结合云计算平台的特征，设置相应的林业云管理体系，促进农户管理能力的提升。本书主要从资源层、平台层以及应用层三个方面进行简要论述。

（1）林业资源层。林业资源层主要包含以下三方面内容：第一，提供必要技术支撑的内容。相关技术人员可以通过多种技术为平台层和资源层提供必要的支撑，如从存储方式、网络资源、计算逻辑等方面入手。第二，在专业技术方面，相关技术人员可以从集群技术、负载均衡技术以及虚拟化技术三个角度入手，为林业资源层提供必要的技术支持。第三，在硬件设施方面，相关技术人员可以为资源层提供相应的硬件设备，如网络设备、存储设备以及服务器等，促进林业资源层的完善。

（2）林业平台层。林业平台层的核心是"云"，即具有多种多样的数据。本书中的"云"主要包括林业云技术、林业云服务和林业云功能等内容。在林业云技术方面，相关技术人员在实际的操作过程中可以综合运用 Memcached 缓存技术、WebService 技术以及 Net 技术。在林业云服务方面，相关技术人员可以从共享服务入手，注重完善其中的服务，如监控服务、聚合服务、拆分服务、删除服务、发布服务、认证服务等，农户可以用个人信息登录相应的账号，在云平台进行林业知识的学习，总结林业实践方法，提升综合林业管理水平。在林业云功能的构建过程中，相关技术人员可以结合实际设计相应的权限要求、服务要求和管理要求。

（3）林业应用层。在林业应用层的构建过程中，相关技术人员需要从两个方面入手：第一，现有的实际生产需要。相关技术人员需要从现有的实际生产需要入手，构建相应的林业应用系统，如营造业管理信息系统、野生动植物管理信息系统、森林病虫害管理信息系统、森林管理信息资源系统、林政管理信息系统等，真正满足现阶段的林业生产需要。第二，未来的生产需要。相关技术人员要满足未来的生产需要，就要增强应用层的可拓展性，适时地融入未来可能运用的先进技术，让林业应用层的使用更具有前瞻性。

3. 云技术在林业管理体系中的关键技术

（1）SOA 技术。它是一种服务架构技术，主要作用是实现信息共享。在将云计算平台融入林业管理的过程中，相关技术人员可以将 SOA 技术融入云计算平台中，利用专业的服务器接口，如 RESTFUL 服务接口，并运用专业的传递必要参数，进行相应衔接的设置，实现"云"林业资源的高效共享和运用。

（2）缓存技术。众所周知，"云"的空间大，数据多，需要有较高的响应速度，这就对农户的服务器反应速度提出了更高的要求。为了让农户可以更便捷地搜索到相应的信息，相关技术人员需要提高农户家中服务器的反应速度，解决农户不能短时间搜集关键信息的问题，让农户享受到林业数据信息搜集的便捷性。

（3）虚拟化技术。虚拟化技术应用优势在于拓展服务空间、降低运行载荷。具体而言，在拓展服务空间方面，相关技术人员可以运用虚拟技术，在现有的服务平台上，拓展出新的虚拟平台，即让一个服务器可以支持多个移动终端的应用，实现服务空间的拓展。在降低运行载荷方面，相关技术人员可以通过拓展虚拟平台的方式，让虚拟平台承担一定的工作，这在一定程度上可以降低运行载荷，为林业云空间服务赋能。

4. 云服务在林业中的应用策略

（1）用户选择。笔者主要从必要性和措施两个方面来介绍用户选择。第一，用户选择必要性。在进行云服务构建林业管理系统的过程中，相关技术人员可以结合生产实际，引入多种形式的用户主体和形式，让更多的人享受到数据的便捷，使他们不受时空的局限，合理选择对应的林业数据，进行有针对性的林业管理，提升整体的管理水平。第二，用户选择的措施。在实际的用户选择过程中，技术人员一方面要考虑用户的身份（如农户、林业局、林业合作社），另一方面需设置统一标准不同终端的软件模式，合理进行用户的选择。与此同时，在具体的用户选择过程中，技术人员可以根据用户的实际林业生产水平以及承包的林田面积，设定不同的权限，让用户可以寻找适合个人实际生产的林业生产数据，促进综合林业管理能力的提升。

（2）云服务的运用过程。在云服务的运用过程中，本书主要从农户的角度入手，简要介绍常见农户运用云服务的步骤，旨在促进云技术在林业中的普及，提升农户林业的管理水平。第一，登录系统。农户可以根据自身的权限，登录林业云信息平台，在此过程中，注重保护个人的隐私。第二，享受服务。常见的农户享受云服务的方式有三种：其一，搜集林业资源。农户可以结合个人的林业生产需要，登录云计算平台进行林业资源的选择，即登录对应的平台板块，获得专业性林业知识的提升，并解决在林业管理中的实际问题。其二，分享、交流林业信息。农户可以在云计算平台登录相应的模块，分享在林业管理过程中积累的优秀经验，并发布到云计算平台上，实现林业管理经验的共享。与此同时，农户还可以实时关注个人林业信息的状况。例如，关注其他农户对此信息的留言，并与其他用户针对林业管理中的问题进行有针对性的探讨，懂得运用"他山之石，可以攻玉"的思维，掌握更多的林业管理方式和思维，促进个人林业管理能力的提升。其三，学习林业知识。农户可以登录云计算平台学习专业的林业知识，掌握不同季节管理林业的方式方法，提升自身的林业管理水平。更为重要的是，农户可以搜集具有实效性的林业管理视频，在观看视频时，与自身的林业管理方式进行对比，发现管理中的漏洞，学习较为先进的林业管理方式，促进林业管理的低耗增效。

（3）构建虚拟化的农林资源池，为林业管理增效。技术人员可以运用云具有多节点部署的特性，以及具有大量服务器的优势，构建虚拟化的农林资源数据池，定期在此资源池数据中"放入"精准性的林业信息，或是林业指导方案，让更多的农户第一时间了解林业知识和政策，为林业管理增效。

第二节　基于大数据分析的模拟模型

模型法可以直观地展示各种数据的变化，让人们更为直接地了解各种事物，认识事物发展的规律，指导人们更为科学地生活。本节从模型的角度入手，开展农业生产活动的介绍。

一、农作物生长模拟模型概述

自 20 世纪 60 年代开始，计算机技术水平不断提升，在此背景下，农作物生长模拟模型的研究得到飞速发展。目前，我国的农作物生长模型已经开始步入实用化阶段。人们将各种可能性因素，如人文环境、生物、土壤、大气等融入模型的构建过程中，并真正让此种模型应用于现阶段的农业生产过程中，增强农业管理的科学化。

在此时期，已经取得突出成就的是冠层光能截获及光合作用的描述，并初步建立起农作物生长模拟模型。截至目前，世界各国均在农作物生长模拟模型方面获得了不同程度的发展，发展得较好的是日本、俄罗斯、澳大利亚和美国等。

（一）农作物生长模拟模型的定义

农作物生长模拟模型的本质是一种计算机模拟程序，介绍的是农作物的整个生命周期活动，如产量的形成、农作物的生长情况等，另外还介绍农作物生命周期中的各种活动与外在环境的对应关系。

农作物生长模拟模型主要研究以下五个方面内容：第一，复杂表达方式的简单化展示，研究者将各种外界元素融入农作物生长的过程中，如管理、气候、土壤等；第二，综合各种知识，如农学以及土壤、农业气象、生态、农作物生理等方面的知识；第三，数据的量化和理论的概括，需要进行大量的实验，研究各种对农作物的产量和生长形成重要影响的因素；第四，数据动态模型，需要构建农作物生长、发育、成熟过程与环境之间的动态变化对应关系；第五，运行状况和结果，在完成上述研究后，需要综合运用模拟技术与计算机数值计算技术，更为直观、科学地描述农作物生产的整个结果。

（二）农作物生长模拟模型的类型

1. 经验模型

经验模型又称黑箱模型、回归模型和描述模型。此种模型反映系统行为机制的运行时机很少，它是通过深入挖掘数据进行各项因素之间关系分析的重要模型。

2. 机理模型

机理模型又称为过程模型、解释性模型和动力学模型。该模型主要描述三类关系，分别是形态发育与产量、农作物成长与栽培管理、原理环境描述因子。模型建立的前提是了解栽培管理技术、环境因子和生理机制。模型展示的主要形式是表达的具体化、数量化。机理模型的类型有两种，分别是动态模型和静态模型，它们的区别是，动态模型标有时间变量，而静态模型不包括时间变量。

（三）农作物生长模拟模型的发展

1. 作物生产系统的概述

农作物生产系统是复合生态系统，是自然和社会的综合体。在自然方面，包含生物、大气、土壤和作物；在社会方面，包含制度、政治、经济和技术。在农作物的生长过程中，各个子系统之间的关系较为复杂，存在多种性质的非线性关系，如分蘖消长与生育期、生长速率与温度、小麦群体生长与释氮量。这几对关系随着时间的推移，存在相对缓慢、动态和连续的关系。

2. 农作物生长模拟模型的发展阶段

农作物生长模拟模型的发展阶段，如图 4-3 所示。

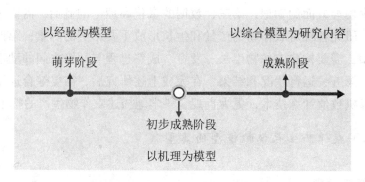

图 4-3　农作物生长模拟模型的发展阶段

（1）以经验为模型的阶段是数据研究的萌芽阶段。

①方法介绍。在经验模型阶段，研究者主要是借助数学的力量，即运用微积分法，来分析农作物的生长规律。

②农作物生长分析法的研究状况。在此时期农作物生长研究分析法的成就是 Blackman 和 Gregory 提出的农作物生长分析法，其实验以植株干物质增长的过程为研究对象，即以一定的时间为节点进行植株干物质的测量，如定期测量一株农作物各器官的干物重，或是叶子的面积。在这个阶段，Blackman 提出"复利法则"模型，这个模型主要是验证农作物干物质的生长率变化。Gregory 提出农作物生长率同化率模型。后来，两个人共同提出农作物相对生长率模型。

③农作物生长研究分析法的应用方面。在前期，主要是应用于冠层光合作用的研究、净同化率的计算、叶面积的计算以及干物质重量的计算。在后期，这种模型主要是应用于光合作用的模拟分析和研究。

（2）以机理为模型的研究阶段是数据研究的初步成熟阶段。

①产生背景。因为回归分析法并不能更科学地分析各个系统之间的关系，尤其是不能科学地诠释回归参数的生物意义。针对这种状况，人们开始

研究生长机理模型。

②定义诠释。与经验模型不同的是，机理模型从实际的根源入手进行有针对性的深入探究。

③研究成果。机理模型研究成果主要集中在欧美国家，如英国、美国和荷兰。机理模型研究成果的主要内容包括器官生长发育、根系生长、水分利用、干物质积累与分配、呼吸作用、蒸腾、农作物冠层结构、光合作用等。

④新的进展。在进行模拟语言的研究中，研究者借助计算机的力量，模拟出农作物生长过程中的计算机模拟新形式：一是荷兰 De Wit 运用计算机等数据，模拟农作物冠层的光合效率；二是美国 Duncan 借助计算机的力量，研究了叶片着生角度与群体光合作用影响的模拟模型；三是 De Wit 研究了植物生长过程中的碳素平衡模拟模型。

（3）以综合模型为研究内容的阶段是数据研究的成熟阶段。

①综合模型是比重不同的两类模型的组合，也是逻辑知识模型与数学模型的耦合。

②综合模型的发展。在早期，农作物模型主要应用于理论方面的探究，探究方向主要集中在外在环境（如大气、作物、土壤等）与农作物生长发育机理之间的关系。后来人们开始将综合模型应用在实际的农业生产过程中，辅助日常的管理。现阶段综合模型呈现出应用化和综合化的特征。与此同时，人工智能被大范围开发，并应用到日常的综合模型构建过程中，处理农作物生长模型的问题。值得注意的是，这项技术已经应用于各种智能化系统中，如决策知识系统、生产管理系统、专家系统等。

二、基于大数据分析的模型模拟现状

（一）各国农作物生长模拟研究

西方国家在农作物生长模拟研究的深度和广度上更进一步。荷兰派的主要研究方向是生物学机理，美国更为注重模拟的具体实用性，日本则强调将预断与未来的生产活动相结合，制订相应的作物生长计划。中国学派认为可以将优化原理与模拟技术进行完美融合，推动整个农作物研究的进一步发展。

1. 荷兰学派

荷兰学派开展模拟研究的主要目的有以下四点：第一，深刻分析，得出正确的农作物生长发展规律条件；第二，在验证现有知识正确性的同时，明确后期的研究方向；第三，对不同地区农作物的生产能力进行估测；第四，预测天气变化对农作物产量的影响。比如在气候变暖的情况下，环境变化与农作物产量之间的关系。

荷兰学派的突出研究成果包括：H. Drenth 建立的水稻氨行为模型，Bouman 研制的水稻水分平衡模型，M. J. Kropff 建立的灌溉水稻产量潜力模型，F. W. Penning de Vries 研制的农作物生长模拟模型。

2. 美国学派

美国学派的著名人物有 H. N. Stapleton、W. G. Duncan、J. T. Ritchie 等。其主要观点有两点。第一，增强模拟模型的应用性，注重运用大数据。美国学派研究人员将技术数据、农作物数据、土壤数据以及天气数据等作为一个整体性的农田生态系统，并深入分析农作物产量与环境（如土壤肥力、气象因子等）的关系。第二，凸显农业生产管理的系统性。为了增强农业生产管理的系统性，美国学派注重研究具有实用性的农作物模拟模型，如水稻模型、玉米模型、棉花模型等。最为著名的是 GOSSYM 模型和 CERES 模型。

3. 日本学派

（1）主要观点。日本学派的理论取自美国学派和荷兰学派的观点优势，并结合本国的实际，注重在模拟模型中进行农作物的诊断、预测和指导。

（2）实践观念。日本学派注重从实践应用入手，构建集诊断性、预测性于一体的系统，旨在为农作物栽培方式的选择、耕作制度的制定、品种的选择提供可借鉴的数据模型支持，最大限度地降低消耗，如物力、财力、环境损耗，构建出高效、合理、经济的农业生产模式。

4. 中国学派

中国学派在进行模拟模型过程中注重将优化原理与模拟技术完美融合，注重从实际的生产需要入手，追求稳产、高产、优产，注重从低能耗、友好型的角度入手，让农户获得社会效益和经济效益。

（二）模拟模型研究的方向

1. 模拟模型的研究方向概述

就现阶段而言，世界各国在农业方面的模拟模型研究方向主要有以下两种：第一，以灌溉为核心，利用多种数据，开展在灌溉管理中提升水分利用效率的模型构建；第二，以栽培方式为核心，使用多种数据，开展在耕种过程中优化耕作方式，促进农作物生长的模型构建。

2. 模拟模型研究的具体方向

（1）农作物生理生化过程。包括种子形成模型、器官生长模型、组织发生发展模型、呼吸作用模型、群体的光合作用模型、叶的光合作用模型、呼吸作用模型以及根茎生长模型等。

（2）与农作物相关的生态过程模型。包括土壤养分模型、农作物营养模型、土壤水分模型、农作物水分模型、冠层微气候模型、太阳辐射模型、温度模型、溶解氧模型、氨氮量模型。

（3）已经研究的生态过程模型。包括光合物质生产动态，如光在冠层中的分布规律模拟模型、光合作用模拟模型、干物质分配模拟模型、水分养分动态平衡模拟模型。

（三）农作物生长模拟模型形成过程

农作物生长模拟模型的过程如下：第一，构建农作物干物质累计模型；第二，进行农作物生长形态发育模型的构建；第三，构建农作物发育阶段模型；第四，构建碳水化合物分配模型；第五，进行功能模型以及根结构模型的构建；第六，搭建冠结构和功能模型；第七，搭建农作物与水模型。

三、作物生长模拟模型的研究方法

笔者认为，农作物生长模拟模型的构建，首先要明确模拟系统的定义，然后收集和整理构建模拟模型的资料，编写实训模型和程序，最后调整和确定模型。值得注意的是，模型的构建是一个不断补充、修正和扩充的过程，直至模拟模型的逐步成熟。

（一）农作物生长模拟模型构建过程

1. 实际调查和发现问题

实际调查、发现问题是进行建模的前提条件。通过调查，研究者可以从客观存在的问题、产生问题的原因、设定结果预判等角度提出有针对性的解决方案，并设置对应的影响因子。

除了进行实际调查和发现问题外，研究者需要多方面收集资料，为模拟模型的构建提供必要的数据支撑。在实际的数据搜索过程中，研究者可以从以下两个方面入手：第一，文献整理。研究者一方面可以自行搜索文献，另一方面可以借助专门的数据机构，进行有针对性的数据搜索。第二，收集实际资料。研究者可以运用多种传感器，搜集农作物在生长过程中的各种数据。

2. 建立模型

在建立模型过程中，研究者需要从以下三方面入手：首先，选择合适的农作物参数。研究者可以通过查阅文献资料，或是通过田间实验的方式搜集合适的农作物参数。其次，确定模拟气象要素。研究者需要根据实际的研究需要，合理选择相应的气象要素，如湿度、降水、日照长度等。最后，编写程序。在程序编写的过程中，研究者可以引入相应的编程语言，如SIMCOMP、DYNAMO等，也可以利用微型高速计算机，在微机上进行程序的编写。

3. 模拟运行

研究者可以将各个研究要素组织在一起，如气象资料、农作物参数、程序等，构建相对完善的模型，并运行此模型，进行相应问题的探究，促进各种农业问题的解决。

4. 验证

研究者通过进行比对的方式，检验模拟模型建立的正确性。具体而言，研究者可以从以下三个角度入手：第一，对比历史数据。在进行模拟模型构建的过程中，研究者可以将现阶段的所得数据与历史上与之最为接近的数据进行对比，研究两者吻合的程度。第二，全面改变参数。研究者可以尝试全面改变参数，观察整体数据发生变化的程度。第三，实践验证。研究者可以通过田间测试的方式，通过比对实验数据，进行验证。值得注意的是，研究者为了保证实验的精准性，可以按照上述顺序依次进行验证。

5. 结合实际，调整模型

在进行验证的过程中，研究者难免会发现各种问题。针对这些问题，研究者需要进一步分析产生此种问题的原因，适时地调整相应的数据，并再次进行验证。

6. 试用模型

研究者可以将调整后的数据再次运用到实际的验证过程中，通过反复的验证，不断调整可能产生变量的因素，在模拟模型过程中发现存在的真正问题，寻找解决模型问题的突破口。

通过一系列的调整，研究者可以得到与实际相符的模拟模型，并将这种模型投入实际的农业生产中，结合实际，对未来的农业生产活动进行预判，促进农业管理质量的提升。

（二）基于大数据分析的模拟模型实例成果

1. 玉米生长模拟模型研究

我国在玉米生长模拟模型的构建中取得了突破性进展。研究人员通过对玉米生育期进行模拟，可以准确控制叶面积、干物重增长、粒拉灌浆等数据，为玉米的生长创造良好的环境，提高玉米的产量。

2. 棉花生产模拟模型研究

研究人员通过构建棉花生长发育模拟模型的方式，适时地运用棉花生长大数据进行单个或多个棉花生长因素的控制，如施肥、打顶、地膜覆盖等，促进棉花的建康发育，提高棉花的产量。

3. 冬小麦生长模拟模型研究

在进行冬小麦模拟模型的构建过程中，技术人员运用全球定位系统、地理信息系统以及遥感技术搜集冬小麦相关的数据，并结合实际的冬小麦生长数据，构建对应的模拟模型，最大限度地分析各种相关因素数据，合理安排农业活动，提升小麦的亩产量。

第三节 农业智能管控系统

一、农业智能管控系统的构建

（一）农业智能管控系统概述

在农业生产中，为了在一定程度上让农民摆脱对大自然的依赖，我国农业开始从传统农业向智慧农业转变，进入了新的发展阶段。

农业智能管控系统是指以现代科学技术为基础的农业发展模式，其发展主要依靠硬件和软件两个方面。在硬件方面，农户开始大范围地引用各种技术，安装符合生产实际的传感器，如温湿度传感器、风速传感器等。在软件方面，农户开始使用各种软件技术，如云计算平台、大数据等。智慧农业促进农业生产走向自动化、智慧化，为农业生产活动的顺利进行提供策略性指导，构建科学的农业管理体系，提升整体的农业管理效果。

（二）农业智能管控系统的构成

1.农业生产环境监控系统

（1）农作物生长环境信息检测与自动控制系统。农作物生长环境信息检测与自动控制系统主要由硬件系统和软件系统两部分构成。一是硬件系统，即传感器信息采集硬件系统、预留控制硬件接口和无线系统传感网络。传感器信息采集硬件系统主要运用在检测农作物的生长环境、生长状况与生长环境的相互关系上。预留控制硬件接口的作用是为后续远程监控工作的开展提供必要的指导，如灌溉、施肥等。通过无线系统传感网络的构建，农户可以结合实际的生产需求，灵活设置相应的检测地点，实现农业生产活动时空布置的便捷性。二是软件系统，即农作物生长环境信息检测与自动控制软件，其主要作用是对农作物信息进行现场观测，执行有针对性的农业生产活动。农作物生长环境信息检测与自动控制软件系统包括：其一，环境传感器检测系统，其作用是实现多种农业生产信息的采集，如二氧化碳、光照、土壤湿度及温度、空气湿度及温度等；其二，信息检测与自动控制软件，此软件的作用是实现管理功能，如进行日志的统计、控制农田灌溉、管理农业大棚、进行警告管理等。

（2）农产品生产管理系统。在农产品生产管理系统的构建过程中，农户可以在农作物上设置二维码，实现农产品信息的扫描，完成农业产品信息的录入、采集和汇总，并将这些农产品信息纳入农产品信息管理系统中。与此同时，在农产品库存的管理上，农户可以运用 RFID 技术，实现农产品与系统之间的动态连接，准确进行农产品信息的交换，真正结合农产品的保质期，以及实际入库状况，更为科学地践行"先入先出"原则，最大限度地实现"0 库存"的农产品管理目标，为提升整体的农产品管理质量赋能。

2. 农业物联网管控中心系统

（1）物联网管控中心。物联网管控中心是农业生产活动的核心机构，一方面负责各项农业生产活动，如在农业生产活动中进行管理、调度、指挥以及监视，另一方面负责各个生产元素的调度，如调动资金、物资、车辆以及人才，还负责对整个农业生产园中各个设备的控制，如控制农业生产园中的视频设备、执行设备等。物联网管控中心旨在促进农业生产活动的健康开展，构建智慧、绿色、高效的农产品生产模式。构建物联网管控中心的意义主要体现在以下四点。

第一，构建完善的订单管理模式。物联网管控中心可以结合实际的生产需要构建完善的订单管理模式，可以从农产品的运输、仓库管理以及农产品需求量订单的制定三方面入手。

第二，实现全方位的综合性空能。农户以及农村信用社可以运用物联网管控中心进行仓储管理、运输管理、车辆管理等。

第三，构建科学的核心操作流程。农户可以运用物联网管控中心，构建完善、科学的核心操作流程，比如可以从农产品订单的制定、车辆的调度（如回车、出车、外调等）、库存管理、农作物的挑拣等方面入手，进行相应环节的完善。

第四，实现农业信息多种形式的呈现。农户可以根据实际生产需要，构建不同的农业生产、销售信息的呈现形式，如图像信息、音频信息、视频信息等，让经销商、农业专家可以更快速、便捷地获取关键信息，更为直接地呈现出相应的信息，尤其是决策性的支撑数据，促进农业活动的顺利开展。

（2）系统总成的构建。在系统总成的构建过程中，本书主要从关键内容论述，并以图示的方式对这些内容进行强调，为后续系统的构建提供建议，以促进智慧农业活动的顺利开展。具体系统总成的构建内容如图 4-4 所示。

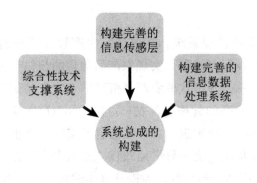

图 4-4　系统总成的构建

①综合性技术支撑系统。包括现代农业技术、计算机与信息技术、移动通信技术与现代化、无线传感网络技术、有线网络异构技术等。农户可以让相关技术人员进行多个角度切入，真正在各个硬软件系统中运用上述技术，实现智慧农业高效开展。

②构建完善的信息传感层。在构建完善的信息传感层过程中，农户可以让技术人员从以下角度入手。

第一，构建立体的传感器系统。农户可以结合实际的生产需要，在生产的各个阶段设置相应的传感器。以运输产品的车辆为例，农户一方面可以在车辆运营的各个路段安装传感器，了解车辆的运行状态；另一方面可以在车辆运行的关卡设置传感器，通过运用 RFID 技术实现对车辆物品的高效扫描，还可以在车辆上安装 3S 系统，实现对车辆的动态监测。

第二，实现传感器搜集信息的高效传播。农户可以借助专业技术人员的力量，从无线和有线入手设置相应的传输系统，实现各项信息的有效传播，让农户以及从事农业生产活动的人员可以迅速接收到关键信息，提升整体农业生产活动的高效性。

第三，构建可视化的数据呈现形式。农户可以借助技术人员之力设置可视化的数据呈现形式，将文字和数字转化成直观的图片和视频，更为清晰明了地分析农业生产过程中的各项活动，制定更为科学的农业活动策略。

③构建完善的信息数据处理系统。在构建完善的信息数据处理系统的过程中，农户可以邀请专业的技术人员进行以下三个方面的操作。

第一，构建层次化的数据层。为了方便农户搜集相关的农业生产信息，技术人员可以结合生产需要设置层次化的数据层，制定较为科学的界限标准，如从农作物的养殖、农产品加工、农产品管理以及农产品销售入手，设置对应的数据层，为农业信息的获取提供便捷性条件。

第二，加强信息技术处理平台的技术支撑。在实际的技术引入过程中，技术人员可以从专业技术如大数据技术、云计算技术等方面切入。一是构建标准化的农业信息传输格式。为了实现农业数据信息的有效上传、分享和下载，促进农业生产活动的高效进行，技术人员可以构建标准化的农业信息传输格式。二是构建科学的搜索引擎。技术人员可以构建科学的搜索引擎，让农户能够快速搜索到相应的农业数据信息，提高信息搜索的高效性。三是设计数据浏览痕迹跟踪系统。为了更深入地了解农户的需求，技术人员可以设计数据浏览跟踪系统，整合农户在平台上搜索的信息，结合农户的实际需求进行相关性农业信息的推送，在让农户更便捷地获得农业信息的同时，也对农户的农业管理思维进行补充，搭建贴合农户实际需要的信息技术平台。

第三，提升数据分析的智能化。农户可以结合不同的农业生产状况，引入相应的专家系统，如农作物培养专家系统、农产品管理专家系统，为农户日常的生产活动提供必要的策略指导，促进农户科学决策的形成。

二、农业智能管控系统的应用

在农业智能管控系统中，主要包括灌溉智能管控系统的构建，即侧重构建完善的管理系统以及设计，促进水资源的有效利用，提升整体智能管控系统的水平。

（一）系统构成

1. 灌溉系统

灌溉系统主要包括滴灌系统和灌溉系统。在进行滴灌系统的构建过程中，技术人员既要结合生产实际，如水源的特点、农作物的种植方式、土壤质地，又应根据实际的生产需要，合理选择适当的灌溉方式，如重力滴灌、管道灌溉等。在实际的灌溉系统应用过程中，农户切忌进行大水漫灌，既可以减少水土流失，还能减少氮素的损失。渗灌即地下灌溉，是利用地下管道将灌溉水输入田间埋于地下的渗水管道，借助土壤毛细管作用湿润土壤的灌溉方法。渗灌的主要优点是：灌水后土壤仍保持疏松状态，不破坏土壤结构，不产生土壤表面板结，能为农作物提供良好的土壤水分吸收状况；地表土壤湿度低，可减少地面蒸发；管道埋入地下，可减少占地，便于交通和田间作业，可同时进行灌水和农事活动；灌水量省，灌水效率高；能减少杂草生长和植物病虫害；渗灌系统流量小，压力低，故可减小动力消耗，节约能源。农户在生产过程中可根据需要灵活进行选择。

2. 施肥系统

在施肥系统的设计过程中，技术人员可以从实际的施肥过程以及具体的施肥比例两个角度设计施肥系统。在实际的施肥过程中，技术人员在设计系统的过程中，既要考虑施肥管道、水泵肥泵的布置，又需考虑实际的混肥水池的位置、出口以及容量等。在具体的施肥比例上，技术人员需要根据具体的肥料类型以及施肥季节，将施肥的比例纳入相应的系统中，开展有针对性的施肥。

（二）设计原则

以施肥系统为例，在进行系统设计的过程中，技术人员可以根据实际需要合理进行相应水肥元素的控制，将水肥元素的控制比例输入专家系统中，实现智能化的水肥控制。在实际的执行过程中，农户需要遵循以下原则。

1. 合理控制残渣与草糠比例

农户可以以专家系统为参考，通过各种传感器测量残渣与草糠的质量，设定相应的比例，让残渣融入草糠中，促进各种菌类的发酵，改善土壤中有机物联动性物联网管理系统的占比，提高农作物的产量。

2. 合理控制厌氧发酵的流程

在进行厌氧发酵的过程中，农户可以根据实际的厌氧发酵流程，设计相应的智能管理模式。在液化阶段，农户可以合理控制发酵细菌与纤维素之间的比例，推进液态有机肥的转化。在产酸阶段，农户可以运用该系统合理控制相应空气的比例，充分运用醋酸菌促进有机质的进一步分解。在甲烷的产生阶段，农户可以运用该系统为甲烷的形成提供良好的外部环境，提升甲烷细菌的降解效率。

3. 合理控制原料配比

原料配比是指根据实际的农业生产需要，合理进行碳氧比、pH 值以及其他数据的控制。例如，为了降低产气量，农户可以运用该系统保障碳氧比在 20% ～ 30% 之间，温度在 35℃ ～ 40℃ 之间。又如，为了创造适宜甲烷细菌产生的环境，农户同样需要运用该系统将 pH 值控制在 7.0 左右，浮动范围不能超过 0.5。

4. 构建联动性的物联网管理系统

构建联动性物联网管理系统时，农户可以从数据整理、数据运用以及数据连接入手。具体而言，在数据整理方面，农户可以运用各种形式的传感器，搜集各种与农业生产相关的数据参数，如土壤电导率、土壤含水量、土壤水势等。在数据运用方面，农户可以运用系统对提到的数据进行加工，尤其是与相应的数据进行对比，发现问题。在此之后，农户可以进行数据的连接，即从数据之间的差异入手，进行相应农业生产活动的执行。例如，数据显示土壤中水分较少，则需要进行有针对性的灌溉。

第五章 农产品质量追溯系统

第一节 质量追溯关键技术

"民以食为天，食以安为先。"在进行农产品生产过程中，如果引入质量追溯技术，一方面可以提升农产品质量，另一方面能够促进农业生产方式的革新，实现农业生产的良性发展。为了达到此种目的，从事农业生产活动的主体需要以技术为先导，并在认识各项质量追溯关键技术的基础上，采用相应的追溯方法，获得良好的管理效果。如图 5-1 所示，质量追溯关键技术主要包括动态彩码防伪技术、二维码技术、射频识别技术、无线传感器网络技术。

图 5-1 质量追溯关键技术

一、动态彩码防伪技术

动态彩码防伪技术是指运用与核心技术设置相应的防伪信息，并将这种防伪信息设置在产品的标签上，与产品相关的数据储存到数据库中进行辨别真伪的一项技术。人们可以通过多种方式联系到产品总部，并提供标签上的号码进行真伪查询。

（一）动态彩码防伪技术的优势

第一，防伪技术的闭源性。公司可以运用闭源开发技术，设置未向社会公开的技术设计代码，形成具有真伪性的技术壁垒。为了保证该防伪技术的闭源性，公司会设计自主数据库，保证数据库不会发生被截流的状况，防止此项技术被其他公司盗用，来保证农产品质量的可靠性。

第二，高可塑性设计。高可塑性设计可以满足企业发展的个性化要求，还可以将农产品图片与企业的标志进行融合，实现个性化的动态彩码防伪技术设计。

（二）动态彩码防伪技术的特点

1. 可靠性高

动态彩码防伪技术具有数字防伪、颜色防伪和材料防伪三重防伪，可靠性高。

2. 合理控制成本

动态彩码防伪技术的开发过程中对成本的控制较为严格。假如有些公司仿造该公司的动态彩码，则需要付出比产品质量更高的成本。

3. 识别简单快捷

动态彩码识别简单快捷，人们可以通过微信、QQ扫一扫的方式登录官网识别产品的真伪；还可以通过电脑直接登录产品官网的方式，在官网输入产品的特点代码，查询产品的真伪性。

（三）动态彩码防伪技术的应用场景

动态彩码防伪技术可以运用在各行各业，在农业上主要应用在三个方面。第一，入库管理。人们可以在采购农产品时，运用动态彩码防伪技术和RFID技术进行农产品的识别。第二，标识产品。在对产品进行包装的过程中，可以运用动态彩码防伪技术，对相应的农产品进行识别。第三，真伪查询。人们在购买商品后，可以通过动态防伪码进行农产品真伪的查询。

二、二维码技术

二维码是生活中较为常见的信息识别图形，储存信息多，使用的范围广。二维码的本质是一种带有特殊信息符号的图形，其符号代码在编排上采用"1""0"的编排方式。二维码具有自动识别功能。

（一）二维码技术的特点

1. 蕴含的信息量大

与条形码相比，二维码最多可以容纳 1850 个字节，是普通条形码的几十倍，还可以对现阶段的产品、企业文化等进行简单介绍。

2. 编码形式多样

第一，可以对数字信息进行编码。技术人员可以对数字信息，如指纹、签字、文字、声音以及图片进行有针对性的编码。第二，可以实现向条形码格式的转变。第三，可以将二维码的形式转换成多种语言。第四，可以将二维码转换成图形数据。

3. 识读能力较强

在进行二维码识读的过程中，假如出现局部的损坏，如污损、穿孔等，仍然可以运用专业的数据进行识读。值得注意的是，二维码的损毁面积最多可以达到 30%。

4. 其他的优势

第一，识读方式不唯一。人们除了运用专业的设备进行识别外，还可以运用 CCD 阅读器或激光阅读器进行识别。第二，大小可变。人们可以根据实际需要合理调整二维码的比例和大小。第三，物美价廉。制作二维码花费的成本低。第四，保密性强。二维码具有较强的防伪性。第五，可靠性高。二维码的错误比例相对较低，具有较强的可靠性。

（二）二维码技术的应用场景

1.应用于农资

农户可以将二维码技术应用于农资的出入库、库存管理等中，即在此过程中设置相应的二维码技术，保证每一个农资物品有唯一的识别号，促进农资产品的信息统计、跟踪管理以及溯源更加完善。

2.应用于农产品

农户可以将二维码电子标签张贴在农产品上，并将农产品的相关信息，如农产品名称、出产日期、产品产地等信息纳入二维码的编写中。在不同环节，人们可以通过扫描二维码了解相关的农产品信息，促进农产品溯源工作的开展。

另外，还可以将二维码运用在监督机关的督查、农产品赋码、农产品流通以及农产品终端消费中。

三、射频识别技术

射频识别，又被称为无线射频识别，属于自动识别方式的一种。射频识别是以无线电波为信息传播的载体，实现了与数据管理系统、电子标签以及读写器三者之间的有效信息传输，最终达到有效识别对象的目的。在实际的识别过程中，人们可以以通信距离为依据，进行远场和近场的数据交换，实现更为高效的数据传输。射频识别技术是现阶段最具潜力的信息传输技术之一。

（一）射频识别技术的特点

1.简单易操作

第一，识别率高。因为 RFID 的标签结构较为简单，所以人们可以较为快捷地进行信息识别。第二，设备简单。读取设备相对简单。就现阶段而言，手机已经具备近场通信（Near Field Communication，NFC）功能，成为最为简单的 RFID 阅读器。

2. 对应性强

RFID 标签具有专属性，即每一个标签对应一个产品。在进行农产品标签的设置过程中，农户可以根据农产品设置相对应的专属性 RFID 标签，实现标签与农产品的一一对应，促进后续产品的追溯工作。

3. 高效的识读性

RFID 高效识读速度快。RFID 的阅读速度不超过 100 毫秒，可以实现快速信息识别，并且可以进行多标签同时阅读。人们可以运用高频段的阅读器同时阅读多个标签，实现识别信息的高效化。

4. 较强的连接性

射频识别技术具有较强的连接性，信号识别无须进行物理性接触。人们可以运用阅读器，隔着各种物品完成相应的信号识别，如隔着木材、纸张、塑料等，提升了信息沟通的连接性。

（二）射频识别技术的应用场景

1. 用在物流中

在进行农产品的物流管理过程中，农户可以将 RFID 技术应用在农产品流动的各个环节，如在运输过程中的跟踪等，实现最为有效的农产品物流管理。

2. 用在车辆上

在车辆管理过程中，农户可以通过在车辆上设置阅读标签，了解农用收割机的位置，并合理控制农用收割机的工作路径，减少不必要的资源浪费，实现最大限度的智能化收割，促进农业管理有效性的提高。

3. 用在统计中

农户可以运用 RFID 技术，实现农产品信息的有效统计。例如，在农产品的统计过程中，农户可以根据农产品上的阅读标签进行相关信息的了解，并与管理系统中的数据（相当于出货单）进行对比，核实实际发货与收货之间的不同，提升农产品信息统计的有效性。

四、无线传感器网络技术

无线传感器网络技术是一种构建网络化信息的传递形式，可以增强信息传递的高效性。无线传感器网络由三个部分构成，分别是管理控制中心、数据颁布网络、数据获取网络。无线传感器网络的工作原理是无线网络中的各个节点以彼此之间的协议为沟通凭证，在此基础上，构建具有网络形式的信息沟通平台，并对沟通的信息进行再次优化，传播到信息处理中心的过程。无线传感器网络技术具有较强的技术综合性，包含多种技术，如分布式信息处理技术、嵌入式计算机技术、通信技术、微电子技术、现代传感器技术等。

（一）无线传感器网络技术的特点

1. 动态性强

在无线传感器网络技术中，节点具有可移动性，会因为多种原因，退出无线网络运用，导致节点信息不能被准确捕捉。为此，技术人员需要结合节点动态性的特点，合理进行网络环境的设置，增强节点移动的可靠性。

2. 容错性差

因为节点的分布范围较广，所以在实际的维护过程中经常出现维护难的问题。这要求技术人员在进行无线传感器网络技术的维护过程中，提升硬件与软件的容错性。

3. 安全性弱

无线传感器网络技术具有分布式控制的特性，很容易受到各种形式的网络进攻，导致部分信息被窃取。为此，在进行无线传感器网络技术的设计中，技术人员需要加强此项技术的安全性。

（二）无线传感器网络技术在农业中的应用

无线传感器网络技术在农业中的应用场景如图5-2所示。本书结合实际的生产需要，进行详细的论述。

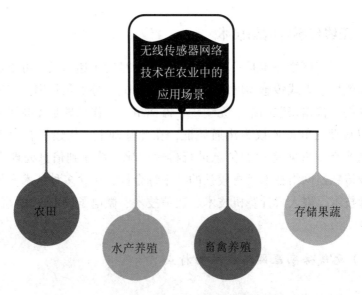

图 5-2 无线传感器网络技术在农业中的应用场景

1. 农田

农户可以将无线传感器运用在农田中，动态性地采集农田生产数据，如光照强度、土壤的 pH 值、二氧化碳浓度、土壤的温湿度以及空气的温湿度等，并通过无线传感器网络技术将各种数传递到系统终端，为后期农业活动的制定以及解决农作物生长过程中的问题提供必要的数据支撑，降低农作物管理中的成本，提升农产品的产量和质量。

2. 水产养殖

在水产养殖方面，农户可以结合水产养殖对象对具体环境的要求，引入不同的传感器，构建水产养殖的无线传感网络技术，促进提升水产养殖的高效性。例如，为了提升养殖水体的品质，农户可以运用无线水质传感器检测养殖水体中的各项指标，然后通过移动终端进行水体各项指标的观察，并制定相应的策略，为水产养殖构建良好的饲养环境。

3. 畜禽养殖

农户可以将无线传感器引入畜禽养殖过程中，构建完善的无线传感器网络，对各种畜禽信息进行采集和传输，如在母猪进行生产的过程中可以借助无线传感器网络，实时采集母猪生产中的视频，并设置紧急预警机制，即当母猪出现意外时，及时向客户端进行预警，最大限度地降低畜禽养殖的损失。

4. 存储果蔬

在进行瓜果、蔬菜的存储过程中，农户可以结合实际将传感器安装到冷库中，如可以运用无线二氧化碳浓度传感器、无线湿度传感器、无线温度传感器，采集冷库中的多种数据，为果蔬提供良好的保鲜环境。

第二节 农产品质量追溯系统

农产品质量追溯是指在进行农产品加工的过程中，对每一项工作内容进行详细记录，如登记生产过程中的工作完成状况、工作者的姓名、工作的完成时间、产品的质量状态等。通过产品质量追溯，相关人员可以在农产品生产中更尽心尽责。农产品质量追溯还可以实现农户、消费者以及市场销售主体三者之间的农产品信息共享，为农产品在各个渠道的有效流通奠定基础。

一、农产品质量追溯的管理方法及意义

（一）农产品质量追溯管理方法

在进行农产品质量追溯中，农户可以结合不同的农产品灵活采用不同的办法。在实际执行过程中，可以从以下三点切入。第一，运用批次管理方法。在初级农产品入库的过程中，农户可以以农产品的品种以及质量进行批次的划分。在初级产品的加工过程中，可以将农产品的初级批次进行存档。第二，使用日期管理方法。农户在生产连续性的农产品时可以采用日期管理法，以农产品的生产批次作为标记进行管理。第三，连续序号管理方法。以实际农产品的加工顺序为标号，对农产品进行连续性的序号编排，实现农产品的科学管理。

（二）农产品质量追溯的意义

1. 实现数据大汇集，促进农户正确决策的形成

运用农产品质量追溯系统可以实现生产信息的汇集，使农产品生产调

度、农产品文件管理、质量管控等规范化，结合系统中各个数据的整合，构建一体化的质量追溯系统，提供正确决策的数据支撑。

2. 开展有效监管，增强农产品生产管理透明性

农产品制造商运用产品质量追溯系统，可进行多种形式的生产管理，侧重在各个阶段实现有效监管，如在设备管理、物料跟踪、质量检测与控制、生产过程监督以及生产计划调度阶段进行可视化的处理，增强农产品生产管理的透明性。与此同时，农产品制造商可设立相应的监督机制，即分清人、责、权之间的关系，激发各个生产环节人员的积极性，最大限度地提升农产品质量。

3. 整合生产信息，提升农产品综合竞争能力

通过运用农产品质量追溯系统，农户可以兼顾使用多种技术（自动识别、序号管理）以及设备（数据采集器、条码阅读器、条码打印机等），去整合各种农产品生产信息，尤其是对农产品的采集、生产和入库等过程进行优化，促进产品质量的全面提升。与此同时，农户可以运用企业资源计划接口，对现阶段的农业生产信息进行充分整合，并辅助农户发现、解决农产品生产过程中的多种问题，实现农产品加工的高效化、升级化，提升农产品综合竞争能力。

二、农产品质量追溯系统

在传统的产品生产过程中，大部分农产品生产者往往不能在短时间内查询大量的产品批号，造成部分产品因为并未得到有效检查，极易产生各种潜在的风险。对此，通过进行农产品质量追溯管理系统的建设，农产品生产者可以搜集最为精准的产品信息，如农产品的采摘日期、入库日期等，实现有效的产品监管，及时发现潜在的农产品问题。为此，农产品生产者有必要建设一套完整的产品质量追溯系统。

（一）常见的农产品质量追溯问题

农产品质量追溯系统通过采集多种与农产品相关的信息，并通过建立生产批号与信息一一对应关系的形式，构建科学、动态的信息查询系统，让用户输入相应的产品信息，便可查询农产品的全部资料，完成农产品质量追溯的过程。

1. 市场反馈出现问题

在市场反馈农产品出现问题时，农户可以根据反馈的内容，输入问题农产品的条码号，快速查询农产品的相关信息，并及时采取有效措施。常见的农产品信息有农产品加工的物料批次信息、流入市场信息等。

2. 确定农产品生产出现问题

当确定农产品有生产问题时，农户可以根据确定产品的批号，查询与问题产品批号相关的其他产品，并进行有针对性的审查，最大限度地缩小不良农产品的危害。

（二）农产品质量追溯系统的采集方法及内容

1. 采集方法

追溯系统的采集方法主要从采集点布局、条形码设定、条形码生成三个方面，来提升数据的完整性，及时发现、解决农产品存在的问题，完善农业生产环节。

（1）采集点布局。技术人员可以采用采集点布局，从空间布点以及时间布点两个角度入手。在进行空间布点的过程中，技术人员要结合实际，灵活采用不同的采样模式，从采样的深度、采样点的布置方法以及采样点的数目入手，进行不同形式的布置。在进行时间布点的过程中，技术人员可以从采样的时间和频率入手。通过采用采点布局的形式，技术人员可以根据布局的集中、分散状况，掌握农产品的问题规律，制定有针对性的生产策略，促进农业活动的良性发展。

（2）条形码设定。通过设定符合本地特色的条形码规则，技术人员可以结合实际的生产需求设定相应的条形码。在实际的条形码设定过程中，技术人员需要特别制定出特殊物料的条形码规则，并注重从物料批次号、供方代号以及关键物料代号等多个角度进行说明，让条形码更好地体现出相对应的农产品。

（3）条形码生成。技术人员可以通过多种方式灵活设置条形码的生成规则，如从生成数量、起始序号、前缀代号等入手，实现条码生成的批量化、快速化，有效进行条形码的生成和打印，在提升条形码设置灵活性的同时，最大限度地缩短管理时长。在农业生产过程中，农户可以利用条形码规则生成，提升条形码的生成效率，并实现条形码与农业产品的一一对应，提升农业生产效率。

2. 采集内容

（1）进货检验报告。进货检验报告主要包括五个方面的内容。第一，环境。农业生产过程中的各种环境，如清洁条件、照明、湿度、温度等。第二，方法。农业生产过程中涉及的关键性加工工艺的参数、规则、流程等。第三，人员信息。农业产品生产员工需要与农产品的批号进行绑定。第四，物料信息。农业产品生产员可以运用条形码扫描仪，扫描相应的数据，并运用追溯采集系统，将扫描的信息与产品代号相匹配，实现农产品批次信息的采集。第五，农产品质量。农业生产人员需要使用专业的仪器设备进行产品质量的信息采集。

（2）生产订单计划数据。第一，系统中的生产数据。其包括生产指令号、订单号等。第二，系统中的计划数据。农户可以运用系统在线上完成计划的发布、审核以及数据制定三方面内容，并将这些计划从 EXCEL 中导出。第三，系统订单管理。农户可以运用农产品追溯系统，实现多种功能，如搭建产品编号与生产批次的连接、批次信息与底单信息的导入等。

（3）制造过程的检验数据。在进行制造过程的检验数据采集时，技术人员可以运用质量追溯系统，综合运用扫描仪，针对关键性的工序信息进行有针对性的数据采集，提升检验数据的录入过程。

三、农产品质量追溯系统的作用及构成

（一）农产品质量追溯系统的作用

农产品质量追溯系统的作用主要体现在三个方面。第一，实现数据的高效采集和上传。农户可以运用农产品追溯系统，进行高效的生产数据采集和上传。第二，实现全方位生产过程的检测。农户运用该系统可以对农产品生产过程中的各个阶段进行检测和预警，如给予农户必要的信息提示，在遇到突发状况时，此系统具有较强的预警功能。第三，可实现不同方式的质量追溯。农户可以将农产品生产数据汇集、上传至云端，实现不同形式的产品质量追溯。

（二）农产品质量追溯系统的构成

农产品质量追溯系统主要由四部分构成，如图 5-3 所示。

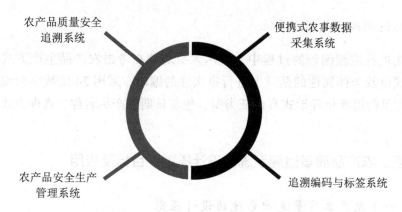

农产品质量安全
追溯系统

便携式农事数据
采集系统

农产品安全生产
管理系统

追溯编码与标签系统

图 5-3　农产品质量追溯系统的构成

1. 农产品质量安全追溯系统

农产品质量安全追溯系统由数据源（溯源中心数据库）和追溯手段（手机扫描二维码、超市触摸屏、网站）构成。换言之，消费者为了了解农产品的真伪性，需要通过不同的手段了解产品的生产、销售过程。

2. 便携式农事数据采集系统

便携式农事数据采集系统的载体是手机或手持扫描仪，其采集的信息多种多样，包括农作物的收获信息、灌溉信息、病虫害治理信息、育苗信息、定植信息以及施肥信息等。此系统与农户生产总系统的连接方式为有线（USB 数据）和无线（GSM 短信数据）。

3. 农产品安全生产管理系统

农产品安全生产管理系统具有整理和分析数据库的功能，具体体现在以下三点。

（1）此系统统计各种形式（手工记录、采集设备）搜集的各种数据（生产过程数据、产地环境数据等）。

（2）此系统可以开展完善的数据反馈，如从产前提示、产中预警以及产后反馈三个角度入手。

（3）此系统可以实现数据与流通环节的衔接，在产品进行包装后可以进行农产品的数据整理，并将这些数据整理到数据库，根据实际生产序号，打印属于该农产品的二维码，实现流通环节和生产环节的连接。

4. 追溯编码与标签系统

在进行追溯编码的过程中，技术人员需要在考虑农产品生产方式、包装形式以及个体属性的基础上进行批次性的编码，采用 24 位数字的编码形式。常见的追溯标签形式有认证类型、包装日期、产品名称、查询方式、追溯号。

四、农产品质量追溯系统的设计原则、目标及应用

（一）农产品质量追溯系统的设计原则

1. 实用性

构建质量追溯系统，一方面可迎接监督部门的检查，另一方面可以维护消费者的合法权益，能真正落实追溯系统设计的实用性。

2. 真实性

真实性是质量溯源的根本。为此，在溯源过程中，要保证各个环节农产品数据的真实性，向消费者以及市场监管部门提供真实性的数据。

3. 高效性

因为部分农产品的保存时间较短，所以为了保证农产品自身的价值，农户需要提高各个环节中的数据采集、输出以及计算的高效性，保证农产品可以以最优的状态出售，获得良好的经济效益。

（二）农产品质量追溯系统的设计目标

1. 提升可操作性

研究人员在进行农产品质量可追溯系统的构建中，需要提高各个模块的可操作性，让消费者以及市场监管部门可以快速搜集到相应的农产品来源、生产过程等关键信息。

2. 提高系统效率

农户将农产品质量追溯系统应用在农产品管理中，简化了农产品的加工流程，增强了农产品在流通过程中的实效性。

3. 降低追溯成本

随着信息技术的提升，各种智能化技术也融入农产品追溯系统中，可以降低不必要的人工成本，提升农产品在各个流程中的流通效率，降低追溯成本。

（三）农产品质量追溯系统在实际生产中的应用

以种植为例农产品质量追溯系统主要应用在种植、仓储运输、流通加工、产品销售、农产品追溯五个方面。

1. 种植

本书主要从品种选择、施肥灌溉、病虫害记录三个角度入手，遵循相应的编码原则，进行对应性的数据编码，并将相应的数据录到 RFID 卡上和数据系统上。更为重要的是，技术人员可以运用大数据，了解农户的需求，设定相对应的数据追溯系统，真正发挥大数据、云计算的积极作用，促进农业良性发展。

（1）品种选择。在品种选择过程中，农户可以在专业人员的帮助下结合本地区的情况，选择相应的品种，并将这些信息录入 RFID 卡中，实现农业数据的初步记录。

（2）施肥灌溉。在施肥灌溉过程中，农户可以运用土壤中的温湿度传感器、pH 值传感器等，了解土壤的问题，根据土壤中所缺元素进行有针对性的施肥。在灌溉过程中，农户同样可以采用这种措施，采集各种关于土壤的数据，进行灌溉方式的选择，构建最佳的灌溉方案，为农作物的生长提供科学的土壤条件。值得注意的是，农户可以将上述灌溉和施肥数据分别输入RFID 卡以及农户管理系统中，为以后的环节提供参考。

（3）病虫害防治。在进行病虫害防治过程中，农户可以运用生物监测器进行农作物的数据监管，如从农作物的种类、数量以及具体的危害程度入手进行相应数据的输入，根据专家系统对病虫害防治策略的制定，实现智能化的病虫害管理。之后，农户可以了解具体的病虫害效果，并制订相对应的方案，解决农作物病虫害的问题。另外，农户需要将治理病虫害的数据分别录入农户管理系统以及 RFID 卡中，为后续的数据传递创造条件。

2. 仓储运输

在进行仓储运输环节中，农户需要确保运输的农产品质量，并借助第三方检测机构进行有针对性的农产品检测。在实际检测过程中，农户需要向第三方检测机构提供关键性的信息，如管理数据、采摘时间等，进行更为完善的数据监管。在进行运输的过程中，农户需要构建完善的管理系统。首先，在安装定位系统过程中，专业人员需要在运输车辆上安装 3S 系统，保证系统与车辆之间的连接性，实现对车辆运输路径的实时监控。其次，专业人员需要将各种运输数据传递至农户的管理系统中，尤其是需要监督一些生鲜产品的运输状况，真正让销售商购进质优价廉的产品。最后，需要将上述关键性的信息，如运输的农作物种类、采摘时间、运输时间、保质时间数据录入农户系统、经销商系统以及 RFID 卡中，为关键性信息的储存以及后期的质量追溯上"三重保险"。

3. 流通加工

在流通加工过程中，农产品入库员需要对农产品信息进行检测，并将这些信息录入专业的系统中。

（1）进行全方位检疫。在进行全方位检疫过程中，农产品入库员需要对农产品进行多方位的检查，如对产品包装、添加剂、防腐剂进行检查，并将检查的结果与 RFID 中的数据进行对比，对合格的项目做出标记，对不合格项目进行反馈沟通，确保入库农产品质量。

（2）录入农产品检测数据。在完成实际检测后，农产品入库员需要对检测的数据进行传输，将这些数据以时间为节点录入 RFID 卡中。需要注意的是，录入员需要对农产品的各项数据进行整合，如农产品种植、运输环节的各项数据，为后续的农产品质量追溯提供数据支撑。

4. 产品销售

在进行产品销售过程中，销售人员可以运用手机终端扫描相应 RFID 信息，了解农产品在销售环节之前的各种数据。与此同时，通过 RFID 数据的扫描，销售人员可以了解农产品的实际采摘时间、农产品的特点，并设置合理的存储方式，将具体的入店时间以及相应的信息录入 RFID 数据中，最后发布到本公司的数据平台上，为后期的产品质量追溯提供相关数据。

5. 农产品追溯

在进行农产品追溯系统的构建过程中，技术人员需要设置、完善相应的数据登录权限，防止他人篡改信息。同时还需要整合各个环节信息，如从种植农产品、灌溉过程、运输过程、销售过程等入手，进行农产品数据的整合，构建出综合性的农产品质量追溯系统，为农业生产活动主体提供必要的数据支撑，促进农业的良性发展。

第三节　农产品质量追溯系统实证分析

关于农产品质量追溯系统的实证分析，主要从生产系统、流通系统以及售后系统三个方面入手，旨在为后续的质量追溯系统的构建提供有价值的经验。

一、生产系统

（一）农资管理系统

在农资管理系统的构建过程中，技术人员可以从实际生产入手。首先进行初期生产数据的整理。技术人员可以从农产品的种子、化肥、农药的选购入手，将实际的生产信息填写到 RFID 设备中，并将农业生产信息绘制成相应的二维码，让消费者通过扫描二维码的方式，了解农产品的生产状况。然后技术人员在农资管理系统中输入化肥（化肥的名称、产地、批号、规格）、农药（农药的产地、品名、有效期）和种子（种子的供应商、产地、名称）的相关数据。在实际的构建过程中，技术人员可以将上述内容输入系统中，并将这些信息以二维码和 RFID 码的形式进行存储，方便后期的产品追溯。

（二）生产管理系统

在生产管理系统的构建过程中，相关技术人员可以从农产品种植以及农产品加工入手，构建相对完善的生产管理系统，搭建与农产品生产相关的"脉络图"，促进农业生产活动的良性发展。

1. 农产品种植系统

在农产品种植系统的构建过程中，技术人员可以从实际的生产过程入手，录入与农产品生产活动相关的数据，搭建完善的农产品种植系统，为后期从事农业生产活动的主体提供有针对性的数据支撑，方便后期农产品质量的追溯。

在实际的落实过程中，技术人员可以从以下三点切入。第一，种植前的数据统计。技术人员可以将具体的选种数据、育苗数据、定植数据输入农产品种植系统中，并配上专门的图片。第二，种植中的数据管理。在农产品的种植管理过程中，技术人员可以让农户提供相应的种植数据，如农作物的灌溉数据、施肥数据等，为后期农产品的清洗工作提供数据参考。第三，种植后的数据管理。技术人员可以对农产品进行检测，并将合格的农产品进行包装，将上述数据上传到农产品种植系统中。

2. 农产品加工系统

在农产品加工系统的构建过程中，技术人员同样可以借鉴生产流程进行相应数据的传输，如产品的唯一编号、商品名称等，将这些数据输入二维码电子标签中。

技术人员可以从以下几个方面入手：第一，装车入库。在装车入库的过程中，技术人员可以采集农产品的配送信息，并对农产品进行全面的检查，将符合健康标准以及销售需求的产品放入库房中，并将这些入库信息上传至农产品加工系统中。第二，加工产品。在加工产品过程中，技术人员需要根据 RFID 码确定农产品的位置，根据实际的物品流动时间，判断滞留时间较长的原因，及时对农产品生产的各个环境进行管控。与此同时，技术人员可以让农产品加工者将具体的加工信息输入 RFID 设备中，促进全面化信息溯源的实现。第三，包装产品。在产品的包装过程中，包装者首先需要检查果蔬产品的质量以及完整性，并将录制的信息输入 RFID 设备中，上传到农产品加工系统中。第四，实时监管。通过进行实时监管的方式，技术人员可以将具体的生产过程以视频的方式进行展示，让农产品监管部门可以从各个角度了解农产品的生产状况，实现更为全面的监管，促进农产品加工质量的优化，充分发挥质量溯源系统的积极作用。

（三）质检管理系统

在质检管理系统的构建过程中，技术人员需要从农产品的采收、质检管理、质检报告等方面切入，构建相对完善的体系，在实际执行过程中，技术人员需要注意以下问题：第一，实现实时在线。技术人员可以构建在线系统模式，实时关注农产品的质量监管状况，及时发现并挑出质量监管中不合格的农产品，进行针对性标记。第二，开展数据传输。在完成上述工作后，技术人员需要将具体的工作数据上传到质检管理系统中，形成相应的质检报告。

二、流通系统

流通系统是农产品实现价值的关键性环节，也是值得重点关注的环节。在农产品质量追溯过程中，农户以及农业专家应该抓住其中的关键性环节。流通系统包括三个部分，即车辆系统、数据系统、配送系统。如图 5-4 所示。

图 5-4　流通系统

（一）车辆系统

在运输车辆的管理过程中，技术人员可以根据车辆的 GPS 系统进行定位，并进行路径的设计，实现运输的自动化。在运输车辆的监控过程中，技术人员可以运用 3S 技术，实时监督车辆的行驶状况，并对一些违规的行为进行针对性预测，合理控制车辆的路径。在操作车辆的过程中，技术人员可以结合实际的工作场景，灵活设置相应的车辆行驶路程程序，实现车辆的自动运输，提升整体的农产品运输效率。

（二）数据系统

在数据系统中，技术人员可以从车辆内的空气含量入手进行有针对性的数据采集，如对车内湿度、温度、二氧化碳等数据进行采集，合理地进行相应数据的控制，为农产品的保存提供良好的环境。与此同时，技术人员可以设定相应的程序，将汽车中传感器的数据传输到移动端，并进行相应数据的调整，实现汽车温度控制的即时性。更为重要的是，技术人员可以将在此过程中产生的各项数据"移植"到 RFID 设备以及仓储管理系统中，为后续工作的开展提供必要的数据支持。

（三）配送系统

在配送系统的构建过程中，技术人员需要根据产品的唯一编号完成农业产品的配送，以此编号作为农产品数据追踪的唯一信息源，实现优良的农产品数据配送，做好农产品质量溯源工作。在实际执行过程中，技术人员可以结合具体的操作过程，进行有针对性的系统构建，并着重从以下几点入手。

1. 产品入库

在农产品入库前，入库管理员需要提前运用专业设备扫描 RFID 码中的数据，并进行针对性的农产品检测，将实际数据与储存数据进行一一对应，符合实际的产品放入库中，不符合实际的产品进行质量溯源，真正发现农产品在各个阶段的问题，寻找相应的突破口，优化整个产品的管理流程，并将入库前的数据输入 RFID 设备中，为后续的产品质量追溯工作提供数据源。

2. 开展配送

在配送过程中，运输员可以运用特殊的扫描设备重复入库员的动作，发现农产品存在的问题，选出不合格的产品。还可以及时让库存员对合格的农产品进行配送，并将对应的配送信息录入 RFID 设备中，及时配送农产品到产品销售部门或是商店。值得注意的是，在实际的农产品运输过程中，运输的各个主体可以与专业监督部门进行联系，时刻保持数据的畅通，实现有效的农产品监督管理，促进配送质量的提高。

三、售后系统

（一）追溯码管理系统

1. 设置追溯码管理系统的意义

（1）有利于提高监察效率。在提升监察效率方面，农产品市场稽查人员可以通过扫描农产品二维码的方式了解多种信息，如消费者信息、物流信息、仓储信息以及生产信息等，实现有针对性的监察，促进农产品市场监察效率的提高。

（2）实现精准营销。农产品经销商可以根据消费者的查询状况，适时地向他们推送具有针对性的农产品，提高产品推送的精准性，促进农产品销量的提升。

（3）提高消费者的忠诚度。消费者可以通过多种方式查询农产品的信息，如生产企业的资质、各个生产环节的信息（生产环节的执行信息、农产品的原产地信息、仓储信息等），更为全面地了解各项农产品的相关信息，从而提高消费者的黏度和忠诚度。

（4）提升农产品的生产效率。通过运用追溯码管理系统，可以更为立体地了解各方面的农产品信息，不断对农产品生产、存储以及销售环节进行优化，最终达到提升农产品生产效率的目的。例如，在农产品的生产过程中，企业农产品制造商可以通过运用追溯码定位农产品，并根据农产品在各个生产环节的时间，进行有针对性的分析，发现农产品长期停滞的原因，制定相应的生产策略，最大限度地提升农产品的生产效率。

2. 追溯码管理系统的结构

（1）数据处理系统。数据处理系统是整个追溯码管理系统的核心，它由采集数据模块、过程数据库模块、历史趋势数据库模块、事件提示模块、历史数据转换模块五部分构成。

①采集数据模块。采集数据模块的作用是统一不同形式的数据标准，将这些数据按照统一的格式传输到过程数据库中。

②过程数据库模块。过程数据库模块的作用：第一，采集、分析，得出数据结果。第二，根据数据分析结果进行指令的下达。第三，及时预警，吸引用户的注意，将危害降到最低。

③历史趋势数据库模块。此模块的主要作用是储存数据，将历史数据储存的时间扩展到三个月，为后续农产品质量的追溯提供强有力的数据支撑。

④事件提示模块。事件提示模块的作用是构建事件报警接口，让客户在客户端通过此模块进行预警事件的查询，通过总结报警的原因，找准解决问题的突破口。

⑤历史数据转换模块。历史数据转换模块的作用是将上述数据，如预警数据、采集数据等转入第三数据库。

（2）追溯码查询系统。在追溯码查询系统的构建过程中，技术人员需要注意以下四点。第一，提升数据的整合性。在数据整合过程中，技术人员首先需要对数据进行分类，尤其是划分成层次性的数据，促进后期数据的追溯便捷化。第二，构建高效引擎。技术人员可以加强搜索引擎的开发，尤其是运用云计算以及大数据构建搜索引擎，为农户进行产品质量的追溯提供强有力的技术支撑。第三，构建一对多式的搜索模式。技术人员可以开发一对多式的搜索模式，让用户搜索一个信息可以得到很多与之相关的信息，并设置与搜索信息相关的其他内容，让用户可以直观观看更多具有核心性的内容，提升追溯码查询的有效性。本书主要介绍"一物一码"的追溯码查询方式。

一物一码的意思是每一件商品只有一个与之对应的身份识别码，这个身份识别码连接消费者、品牌商家以及流通部门，旨在从各个角度入手，进行防伪技术的突破，为营销、防伪、溯源、防篡改、防伪等提供立体化的服务。通过构建一物一码的形式，技术人员可以充分运用大数据平台，构建全面化的控制形式，即打造线上与线下相结合的防伪形式，促进产品与消费者、产品经销商与消费者之间的有效互动，提升农产品品牌的影响力。一物一码的连接方式有以下三种。

①物码关联。技术人员可以在商品上赋予专业性的数码，保证一个数码对应一个物品，从防伪、防篡改、溯源页面的制定入手，构建物码关联模式。

②货物流通。技术人员可以设置相应的系统，达到以下的三项功能。第一，入库员可以使用特定的设备扫描商品上的二维码进行农产品入库时间、种类的查询；第二，仓库管理者可以通过扫码的方式，进行库中农产品的管理，并在此过程中，对入库产品进行整理；第三，经销商以及库管人员可以登录相应的系统，输入相应的物流单号，查询农产品的运输位置，并及时提醒运输者注意事项，如让运输者及时进行通风，保证农产品的新鲜度。

③消费者扫码。消费者扫码的目的有三个：第一，消费者可以通过扫码的方式查询物品的真伪；第二，消费者可以扫码关注公众号，关注相应的农产品供应商，了解更多关于农产品的信息，实现农产品粉丝数量的增加，促进农产品销量的提升；第三，消费者可以通过扫码进行农产品质量溯源，了解农产品的各项信息。

（二）监控管理系统

监控管理系统主要包括人机界面系统、多媒体监控系统、集中配置系统，注重构建相应的监督模式，可促进各种农业数据的有效传播，促进农业活动的顺利开展。

1. 人机界面系统

第一，同一客户端框架模块。同一客户端框架模块可以最大限度地实现各种视频的集中，提升视频内容的多样性。与此同时，农户可以让技术人员进行二次开发，开发新型的展示模块，提升视频展示内容的丰富性，更为全面地进行农业数据的监控。

第二，组态模块。组态模块具有较强的自主性和便捷性。自主性体现在可以根据实际需要灵活进行图库的开发，一方面可以综合使用多种插件，如ActiveX控件；另一方面可以综合运用多种系统，如视频监控系统、大屏幕显示系统、LED显示系统。简化性体现在，在组态模块中可以进行子系统的简化，直观地进行多种组态对象的简化，更好地进行系统的优化。

第三，报表模块。在报表模块的构建过程中，技术人员不仅要考虑数据的呈现形式，而且要思考具体的农户接受形式，制定最为接近用户水平的报表模式，让农户可以简明地解读报表，提升报表呈现的直观性，方便后续数据的检测，提升整体的农业管理水平。

2. 多媒体监控系统

在多媒体监控体系的构建过程中，技术人员需要做好以下几方面工作。

第一，构建模块。在模块的构建过程中，技术人员需要引入大屏幕监控、视频监控两种形式，并注重两种监控形式的独立性，使其可以更为直观、准确和高效地展示相应的视频，为农户更好地进行农业活动的监督提供必要的硬件条件。

第二，增强各个视频模块之间的关联性。技术人员除了要保证各个视频可以独立进行工作外，还需保证各个视频模块之间可以相互联系，实现统一监督视频的共享，提升视频监督的高效性。

第三，增强硬件部署的综合性。技术人员除了需要关注视频模块之间的关联性外，更应注重构建其他模块与视频模块之间的关联性，增强硬件部署的综合性。例如，视频监控模块与不同传感器之间的关联，真正为农户搭建更为便捷的连接形式，促进各种传感器的数据可以准确、完整以及有效地传输到相应的视频模块中。

总而言之，在多媒体监控系统的构建过程中，技术人员主要从视频模块的独立操作、协作操作以及不同设备之间的有效连接入手，搭建多元化的视频传播形式，提升整体的视频展示质量，促进农户进行更为多元化的视频监督。

3. 集中配置系统

在集中配置系统的设定过程中，技术人员可以从提升集中配置系统的整合性、分配性以及融合性入手。

（1）提升集中配置系统的整合性。在提升集中配置系统的整合性过程中，技术人员可以运用大数据对所监测的各种数据进行整合和分类，并在此过程中搭建符合系统特性以及农户认知的数据单元，方便农户进行后期的数据搜集工作。

（2）增强集中配置系统的数据分配性。在增强集中配置系统的数据分配性方面，技术人员主要运用云计算对农户的行为进行分析，在提升数据搜索能力的同时，运用智能化手段，为农户提供针对性的其他搜索条目，提升整体的数据分配能力；农户可以结合农业生产需要进行有针对性数据的搜集，从而更为高效地掌握农业生产活动中的各个数据，提升整体的监控能力。

（3）提升集中配置系统的融合性。在提升集中配置系统的融合性过程中，技术人员可以设置协同模块，让各个系统数据可以和集中配置系统进行连接，实现监控数据的有效共享、分析，促进各种农业指令的传达，提升农业生产活动的整体监督质量。

（三）综合管理系统

1. 整合系统追溯流程

在整合系统追溯流程的过程中，技术人员需要构建闭环性质的整合流程，实现各个农业数据的有效分享和利用。技术人员可以从如图 5-5 所示的六个环节着手。

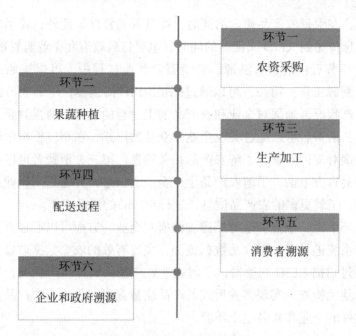

图 5-5　整合系统追溯流程

（1）环节一：农资采购。在农资采购的过程中，技术人员可以设置相应的数据输入系统，让农户将需要采购的各种农资数据输入专家系统中，如种子和化肥的种类、批次等，构建溯源闭环数据链，让此系统中的各个主体可以了解农资中的各种数据。

（2）环节二：果蔬种植。在果蔬种植的过程中，农户可以根据技术人员设计的系统，将各种果蔬种植数据输入其中。如果蔬的种植批次编号、灌溉数据、病虫害处理数据以及生长状况等，全面构建果蔬种植数据库，为解决后续果蔬种植可能出现的各种问题提供必要的数据支撑，促进质量追溯工作的顺利开展。

（3）环节三：生产加工。在果蔬的生产加工过程中，农产品生产者需要将各种生产数据，如农产品入库时间、加工工艺、出库时间以及各个生产链中的负责人信息输入 RFID 阅读器中，并设置属于农业产品的唯一编码，为后续的农产品质量追溯工作提供必要的数据支撑。更为重要的是，农产品生产者需要将产品的加工数据传输到政府以及企业监管部门。

（4）环节四：配送过程。在果蔬的配送过程中，运输者可以根据果蔬的 RFID 阅读器，了解果蔬的存储条件以及注意事项，并采用科学性的冷藏、保鲜运输模式。例如，针对一些水分大、易腐烂的水果，农产品运输者可以进行通风，在保证农产品质量的同时，提升其新鲜度。此外，将运输中的具体数据信息传输到 RFID 阅读器的同时，也要传到政府和企业监管部门。

（5）环节五：消费者溯源。在消费者溯源过程中，可以按照以下三种方式进行溯源工作。第一，可以通过扫描 RFID 阅读器，了解农产品在各个阶段的生产状况，加强对企业和农产品加工过程的了解，增强对企业的信任感。第二，消费者可以通过关注企业公众号的形式，在相应栏目中输入农产品编号查询对应的数据，了解农产品相关信息。第三，消费者可以拨打中国消费者协会官方电话，了解农产品生产企业的信息，并通过与企业人工客服进行沟通，了解更多的农产品信息，进行农产品的溯源工作。

（6）环节六：企业和政府溯源。政府和企业一方面可以通过查询各个企业的生产系统进行有针对性的数据追溯，实现有效的农业数据监督；另一方面能够通过扫描 RFID 阅读器，了解企业农产品的具体生产状况，还可以到企业进行随机检查，实现多种形式的产品质量溯源工作，为农产品质量的提升提供良好的企业和社会生产环境。

2. 二维码质量追溯系统的功能构建

（1）管理功能。在二维码质量追溯系统的功能设定中，主要涉及以下七个模块。

①决策支持功能模块。在决策支持功能模块设定过程中，技术人员可以从农产品生产数据分析、农产品的质量分析以及客户分析三个角度入手。

在农产品生产数据的分析过程中，技术人员可以从数据呈现的形式入手，如文字形式、图表形式、视频形式等，最大限度地展示数据的特性，让农户可以直观地了解各个数据的发展变化，总结农业生产规律。

在农产品质量分析过程中，技术人员可以结合不同的生产环节设置相应的模块，如配送质量模块、加工质量模块、种植质量模块、采购数量模块等，让不同环节的负责人将工作数据输入对应的模块，实现更为全面的质量数据分析，并将这些数据运用在不同的质量溯源分析场景中，获得更好的产品溯源效果。

在客户分析过程中，技术人员可以设置客户反馈模块，并定期向客户发送电子调查问卷，收集客户对农产品的看法，合理调整农产品的生产方式，寻找具有针对性的农产品目标群体，提升农产品的销量。

②基础数据功能模块。在基础数据功能模块的构建过程中，技术人员可以从工艺管理模块、农资管理模块入手。

　　在工艺管理模块中，技术人员可以将此模块划分成三部分，分别为检测工艺管理模块、加工工艺管理模块、种植工艺管理模块。在检测工艺管理模块的设定中，技术人员可以建立农产品工艺参数和检测标准数据库，让农户可以针对其中的数据进行对比，提升检测的规范性和高效性。在加工工艺管理模块的设定中，技术人员可以在加工过程中结合实际设计标准化的加工流程，并让管理人员以加工流程为标准进行针对性生产，并进行加工环节的监督。在种植工艺管理模块的设定中，技术人员可以建立种植数据库，包括光照时间、温湿度、施肥数量等，让农户结合上述数据开展有针对性的农业种植生产，实现有效的生产监督。

　　在农资管理模块的构建过程中，技术人员可以针对不同的农资设置不同的管理模块。具体而言，技术人员可以设置消耗性农资管理模块，对农资进行监控和管理，如农资产品的品质、有效期、出入库状况等。在非消耗农资管理模块设定中，技术人员可以设置不同的功能，如跟踪功能、监控功能以及查询功能，实现对农产品资源的管理。

　　③农资功能模块。在农资功能模块的构建过程中，技术人员可以从农资采购、入出库、仓储管理方面入手。在农资采购模块设定中，技术人员可以设定相应的模块，让从事不同农业活动主体的人员输入相应的数据，如构建农资采购模块、农资入库模块、农资出库模块、农资仓储模块，实现对农资数据的有效沟通。

　　④种植功能模块。在种植功能模块的设定过程中，技术人员可以从以下几方面设定。第一，选种功能模块。技术人员可以在选种功能模块的设定中，引入各种选种信息，可以从种子的级别、编号入手，构建选种功能数据库模块。第二，育苗功能模块。技术人员可以进行育种功能模块的制定，并融入专业性的育种信息，如育种时间、育苗工艺等。第三，种植智能管理功能模块。在制定种植智能管理功能模块上，技术人员可以设置相应的系统，注重系统数据整合的完整性，从农作物种植工艺、周期等方面入手，实现种植数据的全面管理。

　　⑤生产加工功能模块。在生产加工功能模块的设置过程中，技术人员可以从产品入库管理功能入手，构建完善的扫描入库功能、农产品数据搜索功能，为后续的入库管理构建完善的技术支持；也可以从完善生产线加工功能入手，完善各种加工信息，如从加工人员、工序、工艺等方面入手，促进加工信息的完善；还可以从完善采集农产品的配送管理模式入手，完善相应的配送模块，如从采集农产品的类型、采集农产品的人员等方面入手。

⑥销售配送功能模块。在销售配送功能模块的构建中，技术人员需要从以下三个角度切入：第一，配送管理。技术人员需要完善配送管理模式，从配送的各项数据入手，如配送的货物、种类，设置相应的模块。第二，产品出库管理。为了完善产品出库管理功能，技术人员可以设置二维码扫描功能，以便更为精准地进行农产品数据的搜索。第三，配送计划管理。在配送计划管理过程中，技术人员可以加强对配送功能的维护，从网络接口、整合网络入手设置相应的配送过程。

⑦溯源查询功能模块。在溯源查询功能模块的建设中，技术人员可以从消费者、企业以及政府三个方面入手，设置相应的溯源查询功能模块。在消费者方面，技术人员可以构建手机终端、电脑终端的查询系统。在企业和政府方面，技术人员可以提供相应的溯源查询功能网站，或是相应的公众号，促进信息追溯功能的实现。

（2）系统集成功能。以下主要从应用系统集成以及设备系统集成两个角度展开论述，论述的对象侧重于技术人员。

①应用系统集成。在应用系统集成过程中，技术人员需要考察农户的实际需求，根据农户需要制订具有实效性的方案，构建有弹性的应用系统模式，解决农户在生产过程中的问题，并将具体的农业活动数据记录在专家系统以及对应农产品的 RFID 阅读器中，促进农产品溯源质量的提升。

②设备系统集成。通过设备系统集成，技术人员可以从实际的角度入手，构建具有综合性的设备系统集成模式，最大限度地提升各种农业设备以及线路的集成，促进农业生产数据的合成，进行数据的集中性展示，更好地发现、解决农业生产过程中存在的问题，实现农业生产效率的提升。此外，还可以将这些数据分别传输到专家系统以及对应农产品的 RFID 阅读器中，为后续的农产品溯源工作打下良好的数据基础。

四、农产品质量追溯系统

在本部分的农产品质量追溯系统中，笔者基于农产品从生产到销售的整个过程，并引入二维码技术构建标签化的阅读器，便于消费者、政府以及企业进行相应的农产品的质量溯源工作。在实际执行中，相关人员可以借鉴如图 5-6 所示的内容。

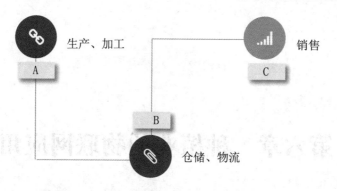

图 5-6　二维码在农产品质量追溯中的应用环节

（一）将二维码标签运用在生产、加工环节

在进行农作物的生产以及加工过程中，农户可以设定相应的二维码信息，并将生产数据，如农作物种子的等级、批次号、等级等，录入同一批的农作物标签中。在农产品的加工过程中，农产品加工者可以将农作物生长以及加工中的数据，放入唯一的二维码电子标签中，设计出唯一的编号。值得注意的是，企业、政府以及消费者可以通过查询此唯一的编号，进行产品质量溯源的查询。

（二）将二维码运用在农产品的仓储、物流环节

入库员在将农产品入库前需要做各项检查，使检查的结果与二维码中的信息一一对应，并在二维码中输入相应的农产品入库信息，如农产品的保鲜程度、库存时间、库存量等。在进行农产品配送过程中，配送司机将实际的配送信息输入二维码中，形成具有唯一编号的数据中心，方便了后期农产品的质量溯源工作的进行。

（三）将二维码运用在农产品的销售环节

商家以及消费者在进行农产品销售的过程中，需要对农产品做好质量溯源工作，即通过扫描农产品二维码的方式，了解农产品的整个种植、加工以及运输过程，实现有效的监督，促进对农产品商家信任感的形成，真正发挥智慧农业的实际效用。

第六章　种植业的物联网应用

第一节　种植业智慧化发展历程

一、传统种植业

（一）初始发展阶段

在新石器时代，人类开始种植业的活动，并使用一些简单的工具，如木棍、石器等。在此时期，人类对农作物的习性有了更深的了解，并开始进行农作物的栽培。此时，人类由原先的重视采集和狩猎向重视农业过渡，采用刀耕火种的方式进行最为粗放、简单的协作性农业生产劳作，以满足最低水平的生存、生活需要。

（二）初步发展阶段

在经历了初始发展阶段后，人类开始变革传统的生产工具。在此时期，人类的冶炼技术不断提高，生产工具发生了明显的变化，由原先的石器工具变成铜质、铁质工具，如铁耙、铁锄等。在整个耕种技术阶段，人类逐渐形成了一整套的农业生产技术，如良种培育、兴修水利、实行轮作制度、改革农具和土壤。

二、以机械化生产工具为变革力量的近现代种植业

（一）以蒸汽机为生产工具的近代种植业

第一次工业革命促进了传统种植业向近现代种植业迈进。在第一次工业革命后，种植业的动力性工具开始从人力、畜力向蒸汽工具转变。具体而

言，以蒸汽机为生产工具的近代农业的发展状况如表 6-1 所示。

表 6-1　以蒸汽机为生产工具的近代农业的发展状况

时　间	技术设备	农业应用
19 世纪 30 年代	蒸汽汽车机	用于田间作业，压实土地
1851 年 19 世纪 50 年代初	蒸汽机	将蒸汽机车作为车头，牵着犁铧进行土壤操作
1856 年 19 世纪 50 年代中期	蒸汽发动机	将蒸汽发动机放在车辆底盘上，牵引农具作业。这种操作已经具有蒸汽拖拉机的雏形
1926 年 20 世纪 20 年代	蒸汽拖拉机	用于牵引和田间犁地作业

蒸汽机应用在种植业中的缺陷：首先，容易引起火灾。蒸汽机在使用过程中容易引起火灾，尤其是在秋天。其次，启动时间长。蒸汽机需要进行半小时到一小时的预热，影响实际的农业生产。再次，易引起爆炸。农户在使用蒸汽机进行农业作业过程中，极易因为锅炉内外部受热不均而造成爆炸。最后，不适宜田间作业。蒸汽机自重大，在田间操作过程中易引起道路和桥梁的塌陷，不利于进行农业作业。

（二）以内燃机为生产工具的近代种植业

在经历了以蒸汽机为生产工具的近代种植业后，人类开始步入以内燃机为生产工具的近代种植业时代，并发明了多种农业生产工具，进一步推动了近代种植业向前的良性发展，以内燃机为生产工具的近代种植业的发展状况如表 6-2 所示。

表 6-2　以内燃机为生产工具的近代种植业的发展状况

时　间	人物或公司	事　件
1889 年	查特尔汽油机公司	运用汽油机代替蒸汽机
1892 年	约翰·弗洛里奇	汽油拖拉机在田野上工作 52 天
	凯斯公司	使用汽油机的试验拖拉机
1901 年	查尔斯·帕尔与查尔斯·哈特	创办了第一个以制造拖拉机为目的的公司
1906 年	威廉斯	使用了 "tractor" 代表拖拉机

与蒸汽拖拉机相比，汽油拖拉机的优势有以下三点：第一，自重相对轻，汽油拖拉机的自重最多只有 1 吨多；第二，操作简单，一个人便可启动；第三，汽油拖拉机的单台成本相对较低。

（三）以机械化农具为生产工具的近现代种植业

19 世纪初至 20 世纪末，以机械化农具为生产工具的近代种植业的发展状况如表 6-3 所示。

表 6-3　以机械化农具为生产工具的近代种植业的发展状况

时　间	工　具	意义及其他
1850—1855 年	玉米播种机、割草机、谷物播种机	有力提高了农业生产效率
20 世纪30 年代	拖拉机的农具悬挂系统	使农具和拖拉机合为一体，提升了拖拉机的操作性。最为流行的悬挂形式为液压系统操纵的悬挂式以及半悬挂式
20 世纪40 年代	联合收获机	联合收获机由牵引式转向自走式，提高了农业生产的便捷性
20 世纪60 年代	蔬菜收获机、水果收获机	实现了果蔬生产效率的提高
20 世纪70 年代	应用电子技术	农业机械作业开始使用电子技术，实现了全方位的机械化生产控制和检测，实现了农业生产的自动化

农业工具转变的特征有以下三点：第一，农业与农机联系紧密，提升了农业生产效率；第二，农具品种多样，基本实现了机械化；第三，各种农业机械开始大范围使用。

（四）现代种植业

1. 机械化农业

机械化农业的特征主要体现在以下几个方面。第一，服务社会化。农业从业者可以获得更为广泛的社会化服务和指导，尤其是专业种植业技术方面的指导。第二，科技广泛化。科技广泛化主要体现在机械悬挂在农业中的运用、机械化耕作制度的建立、自动化技术与农业技术的结合。第三，生产竞争化。在各个国家发展竞争的背景下，各个国家为了在农产品市场中获得有利地位开始将机械化融入农业生产中。第四，人少土地多。大部分实现机械化的国家具有人少土地多的特点。第五，政策性支持。在农业生产过程中，大部分政府会为农业的生产提供各种政策上的支持，如经济、政治等方面。

2. 精准化农业

精准化农业是智能化农业的前身，是以信息技术为主要手段的现代化农业操作系统，其一方面能够深入掌握农作物的生长规律，另一方面能够利用各种先进的科学技术，进行多种形式的农业数据采集、处理，如气温、湿度等，并遵循"系统诊断、科学分析、优化策略"的原则，制订农业生产方案，兼顾农业生产活动的经济性和效益性，促进农业的良性发展。在精准化农业开展过程中，常见的农业技术如表 6-4 所示。

表 6-4　精准化农业开展过程中常见的农业技术

名　　称	特点（技术）	应　　用
GPS 技术	定位	用于农业活动中的定位，满足发展精密农业、精准农业的需求
GIS 技术	数据库	搜集、处理各种定位数据，发送命令
RS 技术	获取信息	提供农作物生产必不可少的生长数据
农情监测系统	传感器、设备（负责数据的采集和传输）	监测和处理各种数据（如病虫害、苗情、土壤墒情）
专家系统	核心定位	模型库、数据库、知识库、推理程序、交互界面程序
GNSS 技术	执行设备	满足多种精准农业需求（如收获测产、变量施肥、深耕细耕）

3. 设施化农业

设施化农业是一种集各种综合性技术与重点性时空为一体的农业生产形式。此种农业生产形式的特点有以下三点。

第一，具有特定的区域。此种农业生产活动，为了利用、改善自然条件，需要运用相应的设备，形成一定的隔离空间。

第二，具有较强的技术性。农户在农业生产设施的建设过程中需要借助各种先进的技术，如温度传感器、湿度传感器等。

第三，具有"三高"特性。在设施化农业的生产过程中，农户可以运用多种生产技术构建良好的农作物生长环境，促进农业生产的高效益、高产出。但同时这也意味着，在设施化农业的开展过程中，农户往往需要进行高投入。

需要说明的是，设施化农业主要指现代化温室。现代化温室是设施化农业向工业化农业过渡的生产形式，其特点是：兼顾经济性、社会性以及可持续性；在一定程度上摆脱了传统农业对季节、气候的依赖，可以实现反季节性的农业生产；突破了传统化农业的生产观念，真正从实际的社会需求入手，开展多种形式的农业生产活动，满足人们实际生活的需要。

4. 工业化农业

工业化农业又被称为可控环境农业，是设施化农业发展的高级阶段，是一种新型的农业生产形式，旨在真正摆脱传统农业生产过程中对自然环境的依赖，构建"人为性"的自然环境，注重引入现代化的农业生产形式，也是智能化农业发展的初级阶段。

工业化农业的关键性技术是环境控制技术。环境技术实现的关键在于多种传感器的运用，如光量传感器、温湿度传感器等。在实际的工业化农业生产过程中，农户可以充分运用信息技术，结合农作物的生长特点以及生长阶段，设置不同的农业生产策略，在利用好各种自然条件，如光、热、水等的同时，更好地利用人为条件，进行温度、湿度的调控，构建具有现代化的农业生产环境，促进种植业朝着更高的层次进发。

1957 年，北欧丹麦首都哥本哈根搭建了第一家植物工厂。该工厂主要生产的农作物是叶菜，从生产到收获一共需要整整六天的时间，一年的产量可以达到 500 万包，年销售额能达到 400 万美元。

2013 年，日本的人工性植物工厂已经达到 199 亿日元的规模，并在 2025 年有望突破 1500 亿日元。日本较为出名的是小蔬菜工厂，此种小蔬菜工厂的特点是用人少、占地面积小、产量高。以一块 800 平方米的小蔬菜工厂为例，其蔬菜收割量为日均 130 千克，每亩的年产量为 10 万吨。在这种小蔬菜工厂中，农户只需要雇用两个工人。

在 2021 年，我国在工业化农业方面取得了较大程度的进展。以浙江省德清水木蔬菜工厂为例，这是浙江省第二个进行数字化农业工厂的试点。该工厂的突出特点是：将工业化思维引入农业化生产过程中，如渗透到蔬菜工厂的运营、维护建设上，进行周期化的管理。具体而言，主要体现在：在销售方面，该工厂充分运用现代信息技术，从"一键发货"的数字配送等服务入手，构建了数字化的现代性农业生产模式；在管理方面，进行可视化操作，并运用在分拣、采收、生产等各个过程，在一定程度上转变了传统农业"靠天吃饭"的思维，实现了农业生产的可持续发展。

三、以智慧化为生产特征的现代种植业

（一）自动化农业

自动化主要体现在各种农业数据的采集上，即在"四情"信息的采集上。此处的"四情"是指与农业相关的四种要素，即灾情、病虫情、苗青、墒情。具体而言，农户可以运用多种科学技术，进行多种形式的农业数据采集，真正做到足不出户便可观测多种数据，为后续的农业生产活动提供了必要的数据支撑。在实际的数据采集技术上，种植业信息获取的情况虽然相对不完善，但是已经具有较强的种植业数据采集能力。现阶段的农业数据采集状况及实现农业自动化生产的必备技术的内容如下。

1. 数据采集内容

（1）数据采集设备。数据采集设备包括三个层面。第一，技术层面。技术层面包括互联网技术、大数据技术、云平台、物联网、先进的无线传感器技术。第二，设备层面。设备层面包括种植农作物的生理生态检测仪、网络数字摄像机、虫情测报灯、墒情传感器等。第三，系统层面。系统层面主要包括信息管理系统、专家系统以及预警预报系统。

（2）数据监管系统。数据监管系统的主要作用是把搜集的各种信息进行多角度的呈现，如光照强度、土壤温度、空气湿度、农作物生长状况等，并将这些数据进行不同程度的加工，实现多样化的数据呈现形式，最终呈现在农户的移动端设备上，如手机、电脑、平板等。

（3）数据决策系统。数据决策系统的作用是提供专业化的农业生产活动建议，为农户的农业生产活动提供必要的数据支撑。在此，本书简要介绍此系统的工作流程：首先，系统需要对采集的数据进行整理分类和综合分析；其次，系统会结合通过传感器采集到的实际的数据，充分运用专家系统分析造成农业生产问题的因素；最后，系统将研究出来的具体策略传输到农户端，便于农户以此为指导进行农业生产活动。

2. 实现农业自动化生产的必备技术

实现农业自动化生产的关键在于自动化机械设备的使用。在此，本书主要介绍实现无人驾驶农机的必备技术，旨在为促进农业自动化生产的发展提供可参考的建议。为了构建无人驾驶农机，技术人员需要在如表6-5所示的

四项技术中获得灵感。

表 6-5　农业自动化生产的必备技术

技术名称	特点（作用）	实现的条件
环境感知技术	无人驾驶农机的"眼睛"：感知周边信息，提供决策性的数据支持	多种传感器，如微波传感器、视觉传感器
远程运维技术	无人驾驶农机的"神经"：通过采集、分析无人驾驶农机发动机的参数，检测无人驾驶农机的工作状况，进行远程的故障诊断和预警	运用人工智能技术、云计算、大数据、物联网
路径规划技术	无人驾驶农机的"地图"：进行信息感知和智能控制的基础，结合传感器中的信息，依据具体的环境，进行针对性路径的规划	常用的路径规划技术分为全局规划路径（已知周围环境）、局部路径规划（未知周边环境）。路径规划算法的方法有粒子群法、随机搜索树算法、可视图算法、人工势场法等
决策控制技术	无人驾驶农机的"脑子"：通过获取的信息，进行后续动作策略的制定	技术条件：贝叶斯网络技术、神经网络技术、强化学习技术、模糊推理技术 决策控制系统的逻辑形式：反映逻辑（从当前数据出发，进行针对性策略制定），反射逻辑（针对突发事件，做出应急性策略），综合逻辑（结合上述两种逻辑形式）

（二）智能化农业

1. 智能化农业的定义

从狭义上来说，智能化农业是一种集多种技术于一体的高效农业系统，涉及的技术包括自动化技术、信息技术、环境工程技术、农业工程技术、生物工程技术等。

从广义上说，智能化农业是一种集信息技术、专业知识以及智能系统为一体的新型的现代化农业系统。

2. 智能化农业的特点

（1）具有较强的智能性。农户可以通过光照技术、透风技术等多项技术，进行全程自动化的控制，营造良好的农作物生长环境。

（2）循环技术。在循环技术的应用过程中，农户可以将农业中的各个生产元素进行融合和衔接，即把上一阶段产生的废料作为下一阶段的原料，并注重运用现代科学技术，对废料进行绿色化加工，真正促进农业生产的绿色化、循环化，促进农业生产活动的良性发展。

（3）自动化技术。农户可以将自动化技术引入农业生产过程中，充分运用多种现代化技术，如进行各种传感器设备与执行设备、系统设备的连接，由传感器设备向系统设备传输专业的农业数据，并让系统设备进行有针对性的数据分析，将分析的指令发送到执行设备，以实现农业生产活动的自动化。

3. 智能化农业的特征

智能化农业具有四大特征，分别是可复制性、可追溯性、高效性以及高精确性。

（1）可复制性。在可复制性方面，农户可以摆脱传统农业生产过程中对经验的过度依赖，将成功的智能化农业经验进行复制，改变传统的农业生产形式，推行智能化农业生产活动的可复制性。

（2）可追溯性。在可追溯性方面，与农业生产相关的各种主体可以运用可追溯性的特征，对农产品的生产过程进行追溯，如农作物种植、农产品加工等，了解农产品的全程信息，促进对农业生产活动的全范围监管，促进农业生产活动的良性发展。

（3）高效性。在高效性方面，智能化农业可以增强农业生产活动的集约化和智能化，通过运用多种设备开展多种方式的数据传输和农业活动的开展，实现农业生产活动的高效进行，提升智慧农业生产的整体水平。

（4）高精准性。在高精准性方面，农户可以综合运用智慧农业中的设备和系统，实现对农业生产数据的准确检测，如对土壤中水分、温度、有机物含量等进行检测，并结合这些数据制定相应的农业生产管理策略，真正将农业生产活动的趋势朝着更为精准的方向发展，以实现农业生产的最佳性价比。

4. 我国智能化农业的发展历程

我国智能化农业发展始于20世纪80年代，主要研究的方向集中在农业专家系统的构建上，当时在多个方面取得了突出成就，如农作物灌溉、防治病虫害、农作物栽培等。

20世纪90年代，我国的智能化农业处于快速发展时期，并取得了较为卓越的成就，突出表现在农业机器人的设计上，如中国863电脑农业获得世界信息峰会大奖。

在 21 世纪的初期，我国开始着力增强农业生产活动的精准性，将各种新兴技术引入农业生产活动中，如农业机器人、农业专家系统、无人机等，更为精准地搜集和分析各种农业活动信息，制定针对性的农业生产活动策略，增强农业生产活动的有效性。

5. 打破智能化农业的技术壁垒

（1）构建植物生长模型。在植物生长模型的构建过程中，技术人员需要从大数据的挖掘处理技术以及获取技术入手，结合影响植物生长的多种因素，构建相应的植物生长模型，探究植物生长与其他因素的关系，如周边环境、生长要素等。为了达到这种目的，研究人员需要将人工智能以及大数据技术引入植物生长模型的构建中，为植物生长模型的构建提供相应的技术支持。

（2）构建科学的农业专家系统。通过构建科学的农业专家系统，技术人员可以将各种人工智能技术引入专家系统中，如模糊控制技术、支持向量机技术、遗传算法以及人工神经网络等，真正让农业专家系统产生类似"人"的思维，进行农业生产策略的制定，促进农业生产活动的良性开展。

（3）建立智能农业管理控制系统。技术人员需要加强对智能农业管理控制系统的建设，从数据的采集以及传输入手。在数据的采集方面，技术人员可以结合实际的农业生产需要，进行有针对性的数据采集，并引入多种传感器装置，如湿度传感器、温度传感器等。在数据的传输方面，技术人员需要加强对数据传输环境的建设，从无线网络和有线网络入手，增强数据传输的稳定性，促进农业生产活动的高效进行。

（4）打造智能化工厂机器人。智能化工厂机器人是未来农业发展的主方向，也是实现农业生产智能化的重要标志之一。在智能化工厂机器人的打造过程中，技术人员需要从以下几个角度切入。第一，增强各种先进技术的融合性。在智能化工厂机器人的建设过程中，技术人员需要将多种技术进行融合，并结合农业生产实际，如将机器人的精准化工作技术、自动化识别技术以及自主导航技术引入智能化机器人的构建过程中，真正让这些先进技术更好地贴合农业发展实际，促进农业活动的良性开展。第二，加强智能化工厂机器人的导航能力。导航是智能化工厂机器人的"眼睛"。在智能化机器人的构建过程中，技术人员可以将各种先进的导航技术融入智能化工厂机器人中，如电磁导航、测距导航、惯性导航、激光导航等，使机器人能够精准作业。第三，提升机械操作的柔性。在智能化工厂机器人的设计过程中，技术人员需要提升机械操作的柔性，从末端执行器、机械臂入手，让机器人适应种植场景、果实采摘场景等多种工作场景。

（三）无人化农业

1. 无人化农业的定义

无人化农业是智能化农业生产方式的升级，是在农业生产过程中，实现无人化的农业生产新形式。无人化农业生产模式包含三项内容，分别是生产信息采集设施、生产管理平台以及生产作业装备。常见的生产信息采集设施包括各种类型的传感器、GPS 定位系统等。最为常见的生产管理平台包括各种性质的决策系统，如农业专家系统、农业智能控制系统以及农作物决策信息系统。最为常见的生产作业装备是农业无人机。

2. 无人化农业的发展案例

（1）无人化设施栽培。无人化设施栽培主要应用于加工包装、运输采购、病虫害方式以及果蔬方面的管理。就目前而言，与世界相比，我国的无人化设施栽培技术仍处于发展阶段。下面主要对国外无人化设施栽培现状与国内无人化大田种植现状进行简要介绍。

①国外无人化设施栽培现状。以日本为例，日本开始将农业生产机器人运用在种植过程中的方方面面，如施肥、植保、采摘、移栽、嫁接以及育苗等。法国、瑞士、澳大利亚等国家开始使用小规模的生产机器人。随着时代的发展与工业水平的提升，韩国等国家开始将工业机器人应用于农业领域，使无人化设施栽培迈向新的台阶。

②国内无人化设施栽培现状。我国在自动化管理、立体种植以及无土栽培等方面获得了全面的发展，已经具有较强的自主知识产权设备，获得了国际市场的认可。以上海浦东为例，该地区已经实现了全程智能化的生产。在具体实践方面，无人化生产栽培物流体系已经融入实际生产的各个阶段，一方面与实际生产的四个车间相互联系，如生产作业车间、种苗抑生控制车间、种苗培育车间、种苗组培车间；另一方面形成了专业化的流水线生产模式，即在定点作业、种苗自动传输等多个生产环节实现了无人化生产，提高了单位面积产量，这种生产模式的综合效益是传统生产模式的 6 倍以上。

（2）无人化大田种植。国外无人化大田种植和国内无人化大田种植状况有以下两方面内容。

①国外无人化大田种植状况。北美、欧洲等地区的发达国家以及日本在无人化大田种植方面取得了突出性的成就。以日本为例，日本在无人化大田种植过程中，使用"2台机器""1个机手"的方式，生产出了具有高精度、自动性、控制性的自动化农机产品。以美国为例，在美国的大中型农场中，大部分农场的自动导航驾驶系统的普及率已经达到90%以上。就产品创新而言，美国已经推出并使用了无人化拖拉机以及配套工具。这种无人化拖拉机除了可以进行全方位的勘测，了解作业的周边环境外，还可以进行远程监控，实现全天候的无人作业。随着时代的发展，无人机开始应用于无人化大田种植过程中。日本进行无人机研制的时间较早，最为出名的是发明了油动单旋翼机型。美国在无人机的应用方面同样获得了飞速发展，较为出名的是发明了具有固定翼的无人机。

②国内无人化大田种植状况。我国已经将农机自动导航驾驶系统大范围地运用在大田种植中，并由原先购买无人化农机设备向自主装配转变。与此同时，我国开始大范围地使用无人机进行大田种植作业。以我国的主要粮食主产区为例，新疆开始大范围地使用数字化生产模式，将无人机以及自动驾驶装备融入农业生产过程中，在提升农业生产效率的同时，克服了不良天气的弊端，实现了全天候的农业生产，提高了整体的综合效益。以棉花种植为例，新疆地区开始大范围使用卫星导航驾驶技术，在扩大播种面积、提高土地利用率的同时，实现了有效的水肥管理，提升了棉花的产量。

第二节　种植业的物联网简介

一、物联网种植业的整体性概述

（一）应用平台的构建

在物联网种植业平台的构建过程中，本书主要落实"三层化"架构，在兼顾种植业标准以及流程的基础上，划分成三层式的应用平台，分别为物联网种植业服务层、物联网种植业传输层以及物联网种植业感知层。

1. 物联网种植业服务层

物联网种植业服务层主要包括三个方面的内容，分别为基础平台、服务平台以及应用系统。在基础平台的构建过程中，可以从创造标准化的农业资源形式以及增加系统的资源容量入手，让平台最大限度地搜集各种数据资源，并完成向应用平台传递数据的任务。在服务平台中，主要进行数据整合和分类，如运用云计算对基础数据进行整合，并创造多元的数据整合形式，让用户以及从事农业的主体更为科学地观测农业数据。在应用系统中，主要设置各种检测系统、智能系统，用于对服务平台所传递的各种农业数据进行分析，向执行设备设定专业的指令。

2. 物联网种植业传输层

物联网种植业传输层主要以不同的网络形式为依据。在实际的网络选择过程中，研究人员可以结合实际的农业生产状况，引入不同的网络形式，如WAN网络、LAN网络、PAN网络等，实现各种农业数据的高效传输，充分发挥物联网种植业平台的桥梁作用。

3. 物联网种植业感知层

在物联网种植业感知层的构建过程中，技术人员需要结合实际的农业生产状况，灵活运用相应的农业生产传感器，实现农业数据的有效采集，促进农业策略的科学制定，为农业的良性发展赋能。在具体的实践过程中，为了更好地了解土壤的墒情，技术人员可以运用相应的传感器，如管式土壤墒情检测仪、土壤水分传感器、土壤温度传感器等，更为科学地检测土壤数据，制定科学的土壤灌溉和施肥策略，为农作物的生长提供良好的土壤环境。

（二）服务平台的搭建

1. 搭建服务平台的作用

（1）科学搭建权限服务。保障数据的安全性。促进数据传播，通过科学搭建权限服务，研究人员设置相应的数据访问模式，促进空间数据、非空间数据的传播的同时，保障数据应用的安全性。

（2）构建安全、可靠的数据模型，促进有效预测。通过进行服务平台的搭建，研究人员除了要构建安全的平台外，更应注重提供多元化的数据模型，如专家知识数据模型、基础空间数据模型以及生产性知识数据模型等，有利于依据模型实现各种农业活动的有效预测。

（3）提升数据管理的高效性。通过服务平台，研究人员一方面可以促进农业数据的共享、交换，另一方面可以构建集中化的数据管理模式，促进各个生产环节农业数据的有效利用，提高整体农业数据的利用效率。

2.服务平台的构成

（1）基础平台。物联网基础平台是由数据库、数据标准以及数据监督三部分构建的具有科学性的基础平台。在数据库的构建中，研究者运用大数据和云计算对从传感器中搜集的数据进行整理和分析。在数据标准的建设中，研究者可以构建数据规范性系统，统一不同的农业数据，促进农业数据的共享，发挥基础平台的作用。在进行数据监督的过程中，研究人员可以在基础平台设计警报机制，针对可能存在问题的数据进行适时的警报，促进农业活动的顺利开展。

（2）服务平台。在服务平台的构建过程中，研究人员可以结合不同的信息内容设置不同的服务平台，如针对传感器中的数据，设置传感器服务平台，对传感器中的数据进行对比以及简单的分析；针对视频数据，研究人员可以设置视频服务平台，让用户可以在最短时间内搜集个人想要关注的视频，针对性解决农业生产问题等。更为重要的是，研究人员可以构建多媒体调度平台，结合客户的需求提供针对性的数据，为农户的生产活动提供精准的农业数据。

（3）应用系统。在应用系统的构建过程中，研究人员可以根据不同农业活动类型设置相应的应用系统。以种植业为例，研究人员可以设置农作物病虫害监控系统、智能程控农作物芽种生产系统、农作物数据采集和管理系统、农作物远程监控系统等。

二、物联网种植业的主要构成要素

在物联网种植业的主要构成要素中，主要介绍较为重要的构成要素，旨在为物联网种植业系统的完善提供针对性建议，促进农业生产活动的良性开展，提升农业生产的整体水平。

（一）精准化种植业系统

在精准化种植业系统的构建过程中，研究人员可以从如图6-1所示的四个角度入手构建精准化种植业系统，实现数据的精准分析、农业生产策略的精准制定，促进农业生产综合效益的提升。

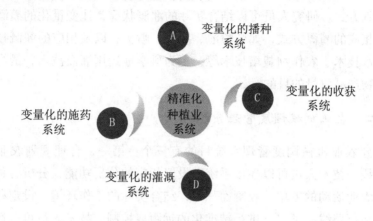

图 6-1　精准化种植业系统

1. 变量化的播种系统

在实地播种的过程中，研究人员可以设定变量化的播种系统，一方面结合实际的耕地面积，另一方面以采集的土壤数据为依据设置科学的播种量，实现土壤肥力的有效运用。

2. 变量化的施药系统

在变量化的施药系统的构建过程中，研究人员可以综合运用多种技术，如遥感、光波辐射等，采集病虫害信息，判断出现的原因，制定相应的施药策略。具体而言，研究人员可以运用多种传感器，采集农作物的病虫害图片，根据病虫害出现的范围设置综合性的施药策略，最大限度地降低农药使用量，提升整体的施药效果。

3. 变量化的收获系统

通过变量化的收获系统的观测，研究人员可以直观地观察到农作物在各个地区的产量，以便基于实际的产量合理分配相应的播种、施肥数量，制定更为科学的农作物生产策略，提升农作物种植的综合效益。

4. 变量化的灌溉系统

在变量化的灌溉系统的构建过程中，需要考虑以下几方面的因素。第一，采集和分析数据。研究人员可以设置通用化、模块化数据，全面采集各种与灌溉有关的数据，如土壤湿度、水管中的供水压力、气象信息等。第二，灌溉方式。研究人员可以结合实际的灌溉状况，让变量化的灌溉系统灵活选择相应的灌溉方式，如微喷灌、滴头、喷头；以及相应的灌溉技术，如灌溉节水技术、农作物栽培技术等，更为科学地运用灌溉技术，最终达到提高农作物产品质量的目的。

（二）农业机械调度管理系统

构建农业机械调度管理系统目的有三个：第一，合理规划农业机械的运行路线。技术人员可以在该系统上设置相应的分析功能，分析各种农业数据，如农业活动的方位、收割面积等，结合实际的工作环境，设定科学的农业机械运行路线。第二，进行精准化的远距离控制。技术人员可以运用该系统，综合分析各种信息，如农业机械的工作状况以及作业状况，进行科学的远程控制，最大限度地提高农业生产活动的效率。第三，搜集、整理农业数据。技术人员可以设置相应的数据采集、分析系统，整理实际的工作数据，为后续的农业生产活动提供必要的数据支持。

1. 农业机械终端

在农业机械终端的设计过程中，研究人员可以灵活设置多种农业数据采集设备以及传输设备。在农业数据的采集方面，研究人员可以设计多种传感器装置，如速度传感器、信号灯传感器、油耗传感器。与此同时，研究人员可以设置多种模块，如3S系统，即全球卫星定位系统、遥感系统以及地理信息系统，明确农业机械的实际位置，制定合理的农业机械路线图。在传输设备的应用上，研究人员可以通过设计 GPRS 数据模块，实现各种农业生产数据更为高效地向监控服务器终端传输。

2. 监控服务器终端

在监控服务器终端的设计中，研究人员可以从构建数据库服务器、监控终端服务器以及车载终端服务器三个角度入手。在数据库服务器的构建过程中，研究人员一方面可以构建大容量的数据存储系统，用来存储农机在整个作业过程中的数据；另一方面可以定期对这些数据进行转存和备份，为监控终端服务器以及车载终端服务器提供相应的数据支持。

在进行车载终端服务器的构建过程中，研究人员需要实现车载服务器与车载服务终端的连接，并实现车载服务终端数据的接收和传输，并结合农机作业工作实际，向车载服务终端发布相应的执行指令。

在监控终端服务器的构建过程中，研究人员需要考虑的问题是，如何实现客户调动中心与监控终端服务器的有效互动，以挖掘客户的实际需求为出发点，向客户推送必要的信息，实现与客户的有效互动，促进客户信息的有效传达，促进农业机械工作效率的提高。

3. 客户端监控终端

在客户端监控终端的设计中，研究人员需要注意两点问题。第一，增强实时处理各种数据的能力，可以将地理信息系统技术安装到农业机械上，及时了解农业生产中的状态，并及时运用该系统开展具有针对性的农业数据处理、分析，与远程监控服务器终端互动，实现关键农业数据信息的有效传递。第二，构建更为多样的客户端监管控制体系，如设计手机端、平板端监控终端，方便农户进行更为科学的数据管理。

（三）以 3S 技术和专家系统技术为核心的测土施肥系统

在测土施肥系统的构建中，研究人员需要以专家系统技术以及 3S 技术为核心，在了解土壤肥力的基础上，通过合理设定此系统，提出相应的培土方法和施肥计划，并适时地提高施肥数量、优化施肥方法，最终达到提升土壤肥力的目的，为农作物的生长提供良好的土壤环境。具体而言，研究人员进行测土施肥系统的构建可以从以下两个方面切入。

1. 设立评价系统，开展农田养分管理

研究人员可以设立土壤肥力评价系统，再基于耕地资源基础数据库以及地理信息系统平台，设定土壤肥力评价模型，将需要的土壤数据输入该模型中，进行更为全面的土壤肥力评价，开展有针对性的农田养分管理，促进农业水肥管理质量的提升。

2. 构建决策化系统，促进水肥配方的有效应用

在进行土壤肥力评价后，研究人员可以构建科学的决策化系统，为农户提供具有针对性的农田水肥灌溉策略，并记录不同时期、不同生长阶段的水肥灌溉状况以及数据，为后续水肥决策提供必要的数据支持，促进水肥配方的有效运用。

（四）农田环境信息采集与远程监测系统

通过构建农田环境信息采集与远程监测系统，农户可以掌握气象变化规律，提前预知气候天气，采取相应的农业生产措施，最大限度地降低损失和提高效益。进行农田环境信息采集与远程测试系统建设时候，研究人员可以从以下几个角度切入。

1. 该系统设计的注意点

研究人员在设计该系统的过程中需要注意以下三点：第一，兼顾传感器介入的多样性与数据呈现的精度性；第二，保证现实数据发布的多类型性以及通信方式的多元性；第三，推动大数据平台的建设与物联网模式的拓展。

2. 增强该系统构建的完善性

在增强该系统构建的完善性方面，研究人员需要考虑实际，构建全面性的信息采集与远程检测系统，如机械安装件系统、实景检测系统、供电系统、传感器系统、通信系统、采集系统以及监控系统，增强系统构建的完善性。

3. 提升该系统功能实现的全面性

为了提升该系统功能实现的全面性，研究人员可以从以下两个方面入手。第一，实现气象环境要素搜集的全面性。设计人员可增强该系统搜集各种气象数据的全面性，并注重从大气压力、光照强度、土壤温湿度、风速、风量等角度入手。第二，提升系统操作的全面性。在该系统的设计过程中，设计人员一方面要保障农户可以自主操作，并结合农业生产活动实际需求，进行模块和部件的灵活设计，另一方面需要实现观测要素以及数据处理方式的拓展性以及多变性。

（五）土壤墒情监控系统

1. 构建土壤墒情监控系统的意义

（1）满足多种农业生产活动需求。通过利用物联网技术，构建土壤墒情监控系统，研究人员可以利用各种高质量的传感器进行多种形式的土壤墒情采集工作，对土壤中的水分、降雨量、地下水位等数据进行采集，满足不同的农业生产活动需求，如灌溉设备的自动控制、灌溉用水量的决策、土壤墒情的自动报警等。

（2）达到科学用水的目的。研究人员通过构建土壤墒情监控系统可以更为直观地获得土壤的灌溉时间、灌溉数量等数据，并能结合实际的土壤条件、农作物的生长阶段合理调整节水措施，将这些措施指令传输给灌溉执行设备，实现更为科学的灌溉，最终达到科学用水、提高农作物产量的目的。

（3）实行有效的灌溉监控。通过构建土壤墒情监控系统，研究人员可以让农户了解每一条运输管道的压力、不同区域的输水量，并将这些灌溉数据与专家系统中的数据进行对比，不断对现阶段的灌溉状况进行优化，实行有效的灌溉监控及灌溉监控管理。

2. 构建土壤墒情监控系统的策略

（1）构建墒情预警数据服务系统。在进行墒情预警数据服务系统的构建时，研究人员需要结合实际的状况，充分运用多种传感器，准确进行多种土壤墒情数据的分析，如农田气象、地下水质、地下水位、土壤湿度及温度等，并将这些与土壤相关的数据传输到专家系统中，对出现异常的数据进行预警，将农业生产活动的损失降到最低。

（2）构建智能化的灌溉控制系统。研究人员可以构建智能化的灌溉控制系统，利用各种智能化的控制技术，了解不同区域的土壤含水量状况、土质情况等，并设定较为科学的灌溉方式，真正合理控制和利用好水资源，为农作物的生长提供良好的生存环境，提升整体的农作物管理水平。

（3）搭建完善的用水管理信息和土壤墒情服务系统。在用水管理信息和土壤墒情服务系统的构建过程中，研究人员可以从实际农产品灌溉角度出发，构建完善的平台，如构建土壤墒情应用平台、运维管理平台、无线传输平台、智能感应平台等，实现各种土壤数据的高效采集、有效分析，制定较为科学的土壤墒情服务模式，提升整体农作物的栽培管理水平。

第三节　基于物联网的种植业实证分析

一、物联网在种植业中的运行逻辑

（一）物联网在种植业中的工作流程

物联网在种植业中的工作流程分为以下几步：首先，传输数据。传感器通过搜集数据，将数据传输到农业专家系统中。其次，分析数据。农业专家系统通过对上述数据进行分析，得出相应的策略。最后，下达指令。农业专家系统通过向执行设备发布相应的指令，实现相应的设备控制，最终达到合理进行农业生产活动的目的。

（二）物联网在种植业中的主要构成

物联网在种植业中的主要构成可以分为以下三个操作单元。第一，数据采集系统。数据采集系统包含种类多样，主要有图像采集系统、农田采集监控系统、水肥一体化系统、土壤墒情检测系统等。第二，数据显示系统。本书中的数据显示系统包括多种显示设备，如 LCD 显示屏幕、电脑显示终端、手机显示终端等。第三，管理系统。本书中的管理系统相当于整个系统的"大脑"，负责进行各种数据的分析以及指令的发布。在实际的工作过程中，农户可以根据个人的需要设定与农业生产相关的系统，如病虫害防治系统、农业专家系统等，实现农业生产的科学化、智能化管理，促进农业管理水平的整体提升。

二、物联网在种植业中的应用实例

关于物联网在种植业中的应用实例论述，本书从如图 6-2 所示的内容入手，进行了详细的介绍，旨在为智慧农业的顺利开展提供必要的指导。

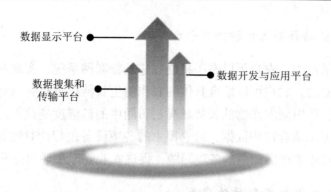

数据显示平台

数据搜集和
传输平台

数据开发与应用平台

图 6-2 物联网在种植业中的应用实例

（一）数据显示平台

在数据显示平台的构建过程中，研究人员可以结合实际，设置以下三种数据显示平台的形式，实现对各种农业生产数据的实时监管，并制定针对性的农业生产策略，促进农业活动的良性开展。

1. 电脑管理软件平台

电脑管理软件平台主要通过显示屏的方式向农户展示各种农业数据，如降水量、风速风向、空气温湿度、土壤温湿度等信息。在实际的电脑管理软件平台的运用过程中，农户可以根据实际的农作物特点灵活设定数据阈值和多种形式的数据警报模式，如电话警报、数字警报以及声光警报等，实现对各种农业数据的直接监管，促进整体农业管理效率的提高。

2. 大屏数据显示应用平台

运用大屏数据显示应用平台是为了显示农田中心地带的数据，让农户可以非常直观地了解整个农田的数据状况，并合理制定相应的农田管理策略，将这些策略通过多种方式向执行设备传达相应的指令，促进农业活动的开展。常见的大屏数据显示应用平台分为吊挂式和落地式。常见的大屏数据显示界面主要有两种显示形式：第一种是数码管显示，此种显示形式的特点是可以通过数字直观展示各种数据的变化；第二种是点阵式显示，此种显示形式的特点是能够非常细腻地展示各种数据，并根据农户的实际需求设置针对性的页面，能更好地适应农业生产活动的客观需要。

3.手机端数据显示和检测平台

在该平台中，农户可以在手机终端连接物联网系统，实现对各种农业数据的实时监测。农户可以结合具体的农作物生长特点进行有针对性的农业数据的监测，如田间农作物的长势状况、田间中的温湿度变化等。更为重要的是，农户可以结合这些数据，对农田中的各项设备进行针对性管理，及时发现、解决农业生产活动中的各项问题，促进农业管理水平的提升。

（二）数据搜集和传输平台

顾名思义，该平台的主要作用是进行数据的搜集和传输。在该平台的构建过程中，研究人员可以结合实际的农作物特点以及农户的使用习惯，进行平台的针对性构建。具体而言，研究人员在数据搜集和传输平台的构建过程中，可以分别从三个方面入手。

1.数据搜集平台

数据搜集平台的作用是搜集各种农业数据（如对"四情"数据的搜集），并将这些数据及时传输到数据管理平台中，实现农业生产活动的全方位监测，及早发现、解决农业生产活动中的问题，促进农业生产力的提高。

（1）二氧化碳传感器。二氧化碳是促进光合作用的重要原料之一，对农作物中有机物的合成具有积极的促进作用，是提高农作物产量的重要元素。通过设置二氧化碳传感器，农户可以了解农田中二氧化碳在空气中所占的比例，并结合不同的农作物生长时机，调整空气中二氧化碳的含量。例如，在中午光合作用效果最为明显时，农户可以运用无线传输技术，通过二氧化碳传感器检测空气中二氧化碳的比例，采用相应的设备，适时地提高或是降低二氧化碳含量，为光合作用的有效运行提供适宜的二氧化碳浓度。

（2）光照温度传感器。光照对农作物的生长具有重要的影响。光照除了对农作物的光合作用具有重要影响外，对农作物的其他方面也具有重要影响，如农作物的开花、根茎的生长等。因此，农户需要重视光照。在实际的农业生产活动过程中，农户可以通过光照温度传感器了解农作物的光照状况，与专业光照数据进行对比，制定相应的光照管理策略，结合农作物的生长状况，提供适宜的光照条件。

（3）湿度传感器。湿度对农作物的重要性主要体现在以下几点。第一，影响蒸腾作用。农作物生长环境湿度越大，农作物的蒸腾作用越弱，越影响其生长。第二，影响光合作用。空气湿度大导致植物气孔长期闭合，进而严重削弱其光合作用的开展。第三，造成病虫害。假如农作物长期生长在高温低湿的环境中，会产生大量的细菌。因此，农户需要重视农田中的湿度，运用湿度传感器对农作物生长环境中不同时间阶段、不同生长阶段的湿度进行检测，并通过与专业数据的对比，提供适宜农作物生长的湿度环境，促进农作物的健康生长。

2. 数据传输平台

在数据传输平台的构建中，研究人员可以从视频的采集、传输以及分析三个角度入手，一方面可以了解农作物的实际生长状态，尤其是农作物的营养吸收状况；另一方面可以发现农作物在生长过程中存在的问题，如病虫害状况，并及时解决农业生产问题，促进整体农业管理水平的提高。具体而言，数据传输平台的构建可以从以下三个角度进行论述。

（1）视频采集系统。在视频采集系统的构建过程中，研究人员需要从视频采集点的位置、摄像机的可移动性以及视频自动转换三个方面入手。在采集点位置的选择上，研究人员需要综合考虑各项因素，如农作物的生长状况以及对环境的特殊要求等。在摄像机的可移动性方面，研究人员需要根据农作物的长势路径，合理设置摄像机的移动位置。在视频自动转换方面，研究人员需要考虑的是如何将不同格式化的视频、图像和文字转换成统一形式，向农户的移动端进行传输，让用户可以实时关注实际的农作物生长状况以及相关人员的实际工作状况。

（2）视频传输系统。在视频传输系统的构建过程中，研究人员需要结合不同的农业生产环境，灵活运用相应的数据传输形式，如微波传输、网络传输、光纤传输以及视频基带传输等。在小范围的农田中，研究者可以使用视频基带传输的方式，充分运用其价格低廉、短距离传输图像信号损失小的特点，实现高效的视频传输。

（3）视频分析系统。在进行视频分析系统的构建时，研究者需要从视频数据的远程传输以及视频处理两个角度入手。在视频数据的远程传输的过程中，研究者需要设置多种通信模式，与用户的多种移动终端进行连接（如手机、电脑、平板等），实现各种视频数据的高效传播。在进行视频的处理过程中，研究人员需要对所采集的数据进行数字化处理，将各种视频格式进行统一的同时，满足各种农业视频观测点需要，如视频的回放、录制以及浏览等。

（三）数据开发与应用平台

1.数据开发平台

数据开发平台主要包括数据挖掘和数据分析两部分内容，结合具体的实际农业生产现状对其进行针对性分析，旨在为智慧化农业生产提供可资借鉴的建议和方法。

（1）数据挖掘。数据挖掘过程中主要包括三个阶段，分别是数据预处理阶段、数据挖掘阶段、知识评估与表示阶段。在进行数据预处理的过程中，研究人员可以使用大数据以及云计算技术预判用户的需求，并为用户提供有针对性的数据，为后期的数据挖掘做准备。在数据挖掘的过程中，研究人员在进行此环节的过程中需要确定数据类型，比如确定具体的农业活动类型，并为用户提供合适的数据算法，为下一阶段工作奠定基础。在进行知识评估以及表示阶段，研究人员可以设定响应的程序，引导农户结合相应的数据挖掘算法进行针对性数据分析，将分析的数据结果与专业的数据进行对比，制定农业活动策略，实现农业活动开展的高效性。

（2）数据分析。常见的数据分析方法分为两种，分别是预测性分析法和描述性分析法。预测性分析法又分为关联性分析法、聚类性分析法两种。预测性分析法主要分为演化性分析法、分类与预测性分析法以及离群点分析法。笔者在此着重对上述方法进行简要介绍。

①演化性分析法。通过运用演化性分析法，研究人员可以以时间为坐标轴，结合各种数据，对研究事物进行未来的预测，进行模型的构建，做到"未雨绸缪"，增强农业决策的科学性。在运用此方法的过程中，研究人员可以从周期分析、序列模式挖掘、相似搜索以及趋势分析四个角度入手落实演化性分析法。

②聚类性分析法。在聚类性分析法的运用过程中，研究人员可以结合农业的实际状况，设置不同的标准，对实际的农业生产状况进行分类，找出各个类型农业生产活动的特点，制定相应的农业管理策略。在实际聚类性分析方法的运用过程中，研究人员经常采用划分法、层次方法、基于密度的方法、基于网格的方法以及基于模型的方法，等等。

③分类与预测性分析法。在进行分类与预测性分析法中，研究人员可以根据农作物的类型与生长状况划分出不同类型的函数以及模型，并结合对应的数据进行研究对象的预测。简而言之，研究人员可以根据农作物在生产过

程中出现的状况，划分对应的农业生产活动类型，并在此基础上，综合运用多种数据，准确预判可能出现的农业生产问题，并提前提出应对的措施，促进农业生产活动的良性开展。

2. 数据应用平台

在数据应用平台的构建过程中，笔者立足实际农业生产，从"知天""懂地""AI 耕耘"三个角度介绍，并依次对数据的挖掘、分析和应用进行论述。

在"知天"方面，农业专家可以挖掘数据，即运用数据分析法，比如分类预测法以及演化分析法，挖掘农户所在区域近三十年的气象数据，制作相应的天气预测模型，在掌握该地区气象特点的基础上，灵活选择相应的农作物。

在"懂地"方面，农业专家可以分析数据，即综合运用数据分析方法，构建土壤墒情演化模型，深入分析农户农田中每一块土地的特点，了解每一块土地缺乏的肥料元素，合理进行施肥，为农作物的生长提供良好的土壤条件。

在"AI 耕耘"方面，农业专家可以应用数据，即引导农户综合运用各种智能技术，检测相应的农业活动数据，比如病虫害防治、灌溉以及施肥等，并结合数据中出现的问题，分析存在问题的原因，制定相应的农作物生产策略，在避免农作物资源浪费、保护环境的基础上，最大限度地提升农作物的产量，实现自然效益和经济效益的双丰收。

第七章　畜牧业的物联网应用

第一节　畜牧业智慧化发展历程

畜牧业智慧化发展历程一共经历了四个阶段,分别是传统化畜牧业时代、设施化畜牧业时代、自动化畜牧业时代以及无人化畜牧业时代。在上述时代的变迁中,人类逐步摸索出畜牧业生产规律,并在生产方式和生产工具上进行了变革,实现了畜牧业的良性发展。

一、传统化畜牧业时代

(一)传统化畜牧业的形成

在茹毛饮血的时代,虽然还没有产生"畜牧业"的概念,但是人们已经逐步开始对动物进行驯化。就我国而言,旧石器时代就已经出现了原始畜牧业。

(二)传统化畜牧业的特点

传统化畜牧业有以下特点。第一,农牧并存。在传统化畜牧业中,农户采用农牧并存的方式,即散养的方式进行畜牧业生产。第二,自谋销路。农户需要自谋销路,如沿街叫卖。第三,生产效率低下。因为农户的生产方式较为粗放,不懂得利用科学的饲养方法,导致整体的饲养效率低下,加上部分农户并未掌握科学的畜禽治疗方法,导致畜禽死亡率较高,生产效率低下。

二、设施化畜牧业时代

（一）设施化畜牧业的优势

设施化畜牧业的突出特点是养殖的规范化，已逐渐从靠天养殖向靠人养殖转变。设施化畜牧业的优势有三个方面。第一，标准化棚舍。标准化棚舍的搭建一方面可以为畜禽提供良好的生长环境，另一方面还可以提高畜禽的生长率。第二，标准化育种。设施化畜牧业除了可以为畜禽提供良好的生长环境外，还很注重标准化育种，优良的畜禽品种拥有良好的生产性能和抗病能力，能够提高畜禽养殖的经济效益。第三，标准化生产。在标准化生产方面，农户需要在畜禽养殖、农产品加工、疾病防治等各个方面进行层层把关，实现生产的标准化，可以促进畜禽产品质量的提升。

总而言之，在设施化畜牧业时代，畜禽养殖由原先的粗放状态向标准化转变，在很大程度上，促进了畜禽养殖经济效益的提升。[1]

（二）设施化畜牧业的特点

1. 养殖围栏化

在畜禽养殖过程中，农户将原有的放牧式管理方式改为围栏化养殖，并遵循"因地制宜、就地取材"的原则，进行有计划的草场管理，这种方式在降低劳动强度的同时，大大提升了草场和土地的利用率，为农户带来了实实在在的经济效益。

2. 饲养标准化

饲养标准化主要包括饲料、育种以及饲养三个方面。在饲料方面，农户以畜禽的生长阶段为依据饲喂不同的饲料，保持畜禽健康的生长状态的同时，提高生产数量和质量。在育种方面，遵循"强强联合"的育种原则，采用科学的育种方式进行杂交，培育更为优质的良种。在饲养方面，目前农户多采用机械化养殖，在一定程度上减轻了人的劳动强度，促进了规范化畜禽养殖的形成，提升了养殖效率。总而言之，饲养标准化最大限度地提高了畜禽养殖的集约化程度，提升了整体的饲养效益。

---

[1] 熊露，张建华，韩书庆. 物联牧场的研究进展 [J]. 中国畜禽种业，2015（11）：24-27.

3. 防疫综合化

疾病是影响畜牧养殖的关键性因素之一。在设施化畜牧时代，人们已经建立了较为完善的防疫机制，这在一定程度上降低了畜禽因为某种疾病带来巨大经济损失的可能。具体而言，人们一方面通过培育良种的方式增强畜禽的抵抗能力，另一方面通过制定完善的防疫机制，如进行动物检疫、制定多样化的防疫办法、定期对畜禽进行疫苗接种等，在很大程度上减少了疾病对畜禽养殖的影响。

三、自动化畜牧业时代

自动化畜牧业时代的生产方式既适应了现阶段的畜牧业生产现状，又为后续无人化畜牧业时代的到来奠定了技术基础。本书从如图 7-1 所示的内容中的三个角度来论述自动化畜牧业时代的特点。

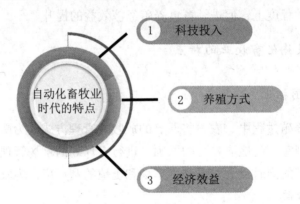

图 7-1　自动化畜牧业时代的特点

（一）科技投入

在科技投入方面，主要从养殖环境、喂养方式、良种培育三个方面入手，介绍自动化畜牧业时代的养殖状况。

1. 养殖环境

为了提供良好的畜禽生长环境，农户会将各种先进技术融入养殖环境的构建中，如设置多种传感器，为畜禽提供合适的光照、温度以及湿度等。与此同时，人们还会设置相应的数据阈值，针对其中一些重要的数据设置相应的预警系统，可以第一时间发现问题，最大限度地降低经济损失。例如，传感器检测到空气中的有毒气体时，会第一时间将此信息传递给农户。[①]

2. 喂养方式

农户运用精准化自动喂养系统，实现精准化的营养配比，进行自动化供料，实现精准生长管控、精准喂养。农户会在畜禽的耳朵上安装相应的阅读器，畜禽的信息可以传输到阅读器中。当畜禽走近食槽时，食槽会识别阅读器中的无线射频信号，自动打开食槽，让畜禽进食。更为重要的是，食槽可以记录畜禽的实际进食量以及进食状态，并将这些数据传递到相应的系统中，并与系统中不同阶段的畜禽饮食量进行对比，合理地调整喂养方式，实现精细化喂养。

3. 良种培育

在良种培育方面，人们更重视引入科学技术，如采用人工授精的方式培育畜禽良种。同时还构建了技术分享机制，最大限度地提升了农业科技的分享力度，促进畜禽良种培育技术的健康发展，培养出具有高经济效益和生态效益的畜禽品种，促进畜牧行业的良性发展。

（二）养殖方式

在养殖方式上，需要借助科学技术的力量，从提高畜禽产品质量、提高畜禽抵抗能力两方面入手。在提升畜禽产品质量方面，农户以及饲养专家可以设置畜禽安全追溯系统，了解畜禽从育种、养殖到成品的整个过程，结合各个环节中出现的问题，制定相应的策略，提高畜禽产品质量。在提高畜禽的抗病能力方面，养殖场可以结合实际，构建检测预报以及防疫机制，积极地构建与畜禽专家的连接，加强防疫方面的合作，构建完善的畜禽防疫体系，生产出安全、营养的产品。

（三）经济效益

为了获得较高的经济效益，要从经营方式、规模化生产以及服务体系构建三个方面入手，优化原有的畜禽管理模式，最大限度地降低养殖、销售环节的成本，促进整体经济效益的提高。

---

① 尹富龙，蒋锦祯，俞栗涛. 基于物联网技术的智慧农业发展策略分析 [J]. 南方农业，2021，15（24）：221-222.

1. 经营方式

在养殖方式上，农户可以结合实际，灵活选择个体养殖或加入合作社的形式，以实现经济效益的最大化。以合作社为例，农户通过加入合作社可以构建畜禽养殖权益共同体，充分运用各种现代技术，构建相应的网站，实现养殖经验、销售渠道等多方面的共享，最大限度地提高畜禽养殖的经济效益。

2. 规模化生产

在规模化生产方面，养殖场在生产的各个环节中应用相应的设备，如在喂养饲料、自动化温度调控等方面使用专业的设备，实现饲养自动化、规模化，最大限度地降低各种经济成本，提高经济效益。

3. 服务体系的构建

在服务体系的构建过程中，养殖场可以从育种、养殖、防疫、生产、销售、售后服务等多个环节入手，构建一条龙式的畜禽生产、服务模式。还可以将现代技术引入其中，如引入多种形式的传感器，对畜禽生长环境以及喂养状况进行自动化监督，构建科学的服务体系，促进畜禽管理质量的提高。

四、无人化畜牧业时代

随着信息技术的飞速发展，各种新型技术被引入畜禽养殖过程中，为无人化畜禽养殖提供了良好的技术支撑。下面以无人机为例，对其在三个方面的实际应用进行分析。

（一）使用无人机检测草场植被

使用无人机进行草场植被的检测可以达成三个目的。第一，检测植被的长势。农户可以运用无人机航测航拍技术，对植被的沙化、覆盖面积进行估测，了解植被长势。第二，实现精准化植被分析。农户可以对同一地区不同时刻的草场植被情况进行检测，也可以对同一时刻不同区域进行植被检测。在同一区域不同时刻的植被检测过程中，农户可以运用3S技术对同一位置不同时间阶段的植被生长状况进行检测，根据植被生长的周期性规律进行科学放牧，获得良好的经济效益和自然效益。第三，精准预判草原生物灾害。

众所周知，牧草病害、毒害和虫害是最为常见的草场生物灾害。例如，在蝗虫灾害的预测过程中，农户可以运用无人机，以遥感技术为主要检测方式，了解蝗虫灾害的发生地点和蝗虫灾害的发生情况，分析产生灾害的具体原因以及灾害程度，合理预判可能出现的病虫害问题，提前进行各种灾害的预测以及防治，将草场损失降到最低，提升整体的草场管理水平。

（二）使用无人机检测草场水源

水源对草场质量的重要性不言而喻。农户可以运用无人机航拍航测技术，对草场水源的污染状况以及周边环境等进行多角度的检测，实现对草场水源的有效监管。在实际生活中运用无人机进行勘测，能够及时发现水源地，促进后续畜牧生产活动的开展。比如可以运用无人机检测地表水所在的位置、平面分布特点，获得这些数据的图像，促进后续畜牧生产活动的开展。另外，还可以准确判断水源的污染状况。也可以运用无人机中的3S技术进行水源周边环境的拍摄，及时观察水源周边的环境，分析可能存在的水源破坏的问题，制定相应的策略，实现有效的水源管理。

（三）使用无人机检测放牧状况

农户可以使用无人机进行远距离放牧，实现牧区的远程管理。以羊为例。首先，农户可以在羊身上安装传感器；然后，构建传感器与无人机之间的通信协议，实现两者信息的有效互动；最后，在放牧的过程中，农户可以运用无人机的3S技术准确判断羊群的整体位置，以及每只羊的相对位置，并在此基础上，根据牧草分布状况，适时地向羊身上的传感器发送相应的信号，进行羊群驱赶，实现"无人放牧"。

第二节　畜牧业的物联网应用实例

一、养殖环境监测系统

本节主要对物联网在畜牧业的应用进行论述，以营造良好的畜牧环境为最终目的，通过构建数据采集系统、数据传输系统、设备控制系统以及环境监督系统，真正实现更为全面的养殖环境管理，促进畜牧业整体管理水平的提升。

（一）数据采集系统

对养殖环境监测系统而言，数据采集系统是实现自动检测和控制数据源的关键一步。数据采集系统的工作原理是将各种温度、气体、湿度数据转换成相应的电信号，通过多种形式进行传输，最终达到准确传输各种数据的目的。例如，气体传感器主要检测到的数据包括二氧化硫、氨气等各种有害气体，也包括多种与环境相关的温度和湿度等数据。

（二）数据传输系统

在数据传输系统的构建过程中，研究人员需要从传输形式、传输方式以及传输内容三个角度入手。在传输形式上，研究人员可以结合实际的工作需要灵活设定不同的数据传输形式，如有线传输形式、无线传输形式等，实现各种农业数据最为有效的传输。在传输方式上，研究人员可以采用多种传输技术，如镶入式探测技术，并采取多种形式的节点连接形式，如无线采集节点形式、无线控制节点形式等，形成相对完善的传输方式。在传输内容上，研究人员可以增强传输内容的多元性，注重从病虫害方式、图像抓拍内容、定时录像等多个角度入手设置多元的传输内容，促进传输系统的构建。

（三）设备控制系统

1. 设备控制系统的构成

设备控制系统主要由安装附件、配电控制柜、电磁阀、测控单元模块等构成，并通过 GPRS 模块与监控中心进行连接。在实际的工作过程中，该控制系统通过识别和分析传感器中的数据，向执行设备发出指令，促进各种动作的执行，达到自动控制畜禽养殖环境的目的。

2. 控制方式

设备控制器的控制方式有两种。第一种，手动控制。设计人员可以采用将主控制器并联入电路的方式，进行手动控制，实现对各种控制设备的有效控制。在具体操作时，农户可以结合实际的数据进行手动控制，实现各种外部环境的操作，如进行升温、降温的操作。第二种，继电器控制。设计人员采用引入继电器的方式，实现远距离控制，达到远程控制的目的。在进行自动控制操作时，农户可以通过设置阈值的方式达到自主操作的目的。

（四）环境监督系统

环境监督系统的主要作用是实现数据的即时采集、实现设备的有效控制、实现数据采集的精准性、实现警告信息的及时性。

1. 数据的即时采集

研究人员在设计过程中需要保证数据的即时采集，可以让农户随时随地进行远距离的养殖环境采集工作，并通过各种监控终端，如手机、平板、计算机等，结合实际数据，通过远程设备控制系统对执行设备进行有效控制，如根据实际的畜禽养殖环境适时地提高或是降低温度，达到构建良好的畜禽养殖环境的目的。

2. 设备的有效控制

为了实现设备的有效控制，研究人员需要结合不同畜禽品种设计相应的数据模型。在实际的控制过程中，研究人员可以从手动控制和自动控制两方面入手，并结合模型中的数据值设定相应的参数阈值，达到有效控制各个执行设备的目的。例如，在牛舍温度方面，研究人员需要根据奶牛的不同生长时期设置不同的温度。针对泌乳期的奶牛，设计人员需要将牛舍温度调整到 $16℃ \sim 20℃$。针对犊牛，设计人员需要将牛舍的温度调整到 $35℃ \sim 38℃$。

3. 数据采集的精准性

为了增强数据采集的精准性，研究人员需要结合实际的畜禽养殖环境设置多种形式的传感器，并将这些传感器与无线通信模块进行连接，实现各种环境下数据传递的精准性，如实时传递环境中硫化氢、氨气、温湿度以及二氧化碳等数据。再将这些数据转化成多种形式的图表，让农户直观地了解畜禽养殖的环境状况，从而提升数据采集的精准性。

4. 警告信息的及时性

研究人员通过增强警告信息的及时性可以对农户进行提醒，让他们及时关注突发状况，并制定相应的策略，将经济损失降到最低。研究人员可以设置相应数据的阈值，并保证警告传播形式的多样性，如通过短信、拨打紧急电话、监视界面着重提示等方式，让农户第一时间收到警告信息，并及时采取行之有效的措施，将畜禽养殖的损失降到最低。

二、精细喂养决策系统

在精细喂养决策系统制定过程中，设计人员可以从饲料精准喂养平台、定量称重给料机以及自动化配料系统三个方面，设计更为科学的养殖方式，让畜禽可以获得更全面的营养，增强它们的免疫力，提升畜禽的出栏率。

（一）饲料精准喂养平台

在饲料配方的设定过程中，研究人员可以通过引入饲料精准喂养平台实现饲料营养的精准调配，提升整体的畜禽喂养质量。农户在运用此系统的实际过程中可以按照从下步骤执行。第一，输入信息。农户可以在此系统输入畜禽的实际信息，如生长年龄、健康状况等。第二，选择方案。在饲料配方的制定过程中，农户可以运用该系统中的数据动态模型，查询畜禽的原料数据库，制定相应的饲料配方。第三，跟踪观察。在喂养饲料后，农户可以跟踪畜禽，记录它们饮食后的状态以及健康状况，检验喂养效果，最终达到增强饲养精准性的目的。

（二）定量称重给料机

通过使用定量称重给料机，农户可以结合畜禽的生长状况进行精准性的给料，在提升饲料利用率的同时，促进畜禽的健康成长。

在定量称重给料机的设计过程中，研究人员不仅需要考虑禽畜的生长阶段及其所需营养，还应该增强定量给料机的精准性。为了达到这种效果，在定量称重机的实际设计过程中，研究人员需要考虑以下两个因素。第一，机械结构。在机械结构的设计中，研究人员需要考虑实际的生产需要，引入相应的设备，如皮带秤、输送机架、驱动电机减速机。第二，传感器。在传感器的设定中，研究人员需要设置测速传感器以及称重传感器，实现饲料的精准性。

（三）自动化配料系统

在自动化配料系统的构建过程中，研究者可以接入自动化控制系统、多程控制系统、终端控制系统以及 PLC 控制系统，并将这些系统与砂浆配料搅拌机、干粉搅拌机等执行机构进行连接，实现自动化配料。

三、育种繁育管理系统

在育种繁育系统的构建过程中，农户首先需要认识到育种繁育管理的重要性，并有效运用多种技术，通过具体的实施路径达到培育良种、提高整体养殖经济效益的目的。

（一）构建育种繁育管理系统的必要性

如何进行有效的发情检测是构建繁育系统时农户重点思考的问题。在传统的发情检测中，大部分农户往往运用肉眼观察的方式，极易出现误差，造成部分畜禽错过最佳配种期。对此，农户可以引入育种繁育管理系统，实现自动化的检测，及时发现并对畜禽进行配种，提升整体的畜禽繁殖能力。

（二）构建育种繁育管理系统的技术条件

为了提升畜禽的繁殖效率，农户需要准确判断畜禽的发情状况，实现有效的畜禽繁殖管理。为了提高此系统的检测准确性，研究人员可以引入射频识别技术、预测优化模型技术、传感器技术等，在深入研究畜禽基因优化规律的基础上，更为科学、准确地检测各种畜禽繁殖数据，获得良好的育种繁育管理效果。

（三）构建育种繁育管理系统的实施路径

在构建育种繁育管理系统的实施路径时，研究人员首先要引入射频识别技术，实现动态检测。可以在发情检测系统中引入射频识别技术，检测雌性畜禽的个体活动状况，尤其是搜集与发情有关的数据。其次要综合分析畜禽的繁殖特点，进行精准性繁殖。研究人员可以引入设置分析功能，根据相应的数据，结合雌性畜禽发情模型，准确判断雌性畜禽的发情状况，并提供具有针对性的繁殖环境，促进繁殖活动的有效进行。

四、疾病诊治与预警系统

（一）设置疾病诊治与预警系统的意义

通过设置疾病诊治与预警系统，一方面可以做到"未雨绸缪"，结合其他农户在畜禽养殖中出现的问题，提前做好预防，并且早发现早治疗，将畜禽养殖经济损失降到最低；另一方面能够积累疾病案例，推动相应数据库的建设，促进疾病防治能力的整体提升。

（二）落实疾病诊治与预警系统的策略

1. 疾病诊治系统

（1）疾病诊治系统的关键性技术。疾病诊治系统的关键性技术主要体现在因果模型的构建上。因果模型集多种信息技术于一体，如呼叫技术、移动互联技术以及人工智能技术等，可以以疾病的传播机理和发病原因为依据，将其转化成相应的模型数据，开展病因分析，制定疾病防治策略，促进畜禽疾病的有效防治。

（2）疾病诊治系统的构成以及作用。疾病诊治系统主要由四部分构成，分别是用户界面、数据诊断知识维护模块、诊断推理模块、案例维护模块。用户界面的作用是提供显示功能，如显示疾病防治的结果、人机互动的数据等。数据诊断知识维护模块与诊断推理模块同属于知识库模块。农户可以在诊断推理模块上，输入相应畜禽疾病表现，得出针对性推理结论，并通过用户界面显示这项结论，这一案例也将自动传输至案例维护模块中，为后续畜禽疾病防治工作的开展提供必要的数据支撑。

2. 疾病预警系统

在疾病预警系统的构建中，包括如图 7-2 所示的各项内容的构建，让农户意识到构建此系统重要性的同时，促进智慧农业的顺利开展。

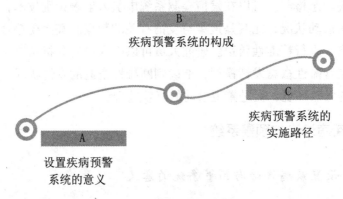

图 7-2　疾病预警系统的设置

（1）设置疾病预警系统的意义。通过设置疾病预警系统，研究人员一方面可以为农户提供更为多元的数据库，预警数据库、流行病数据库等；另一方面可以分析数据库中畜禽疾病的发生规律，并制定相应的疾病预测模型，为畜禽疾病的高效防治提供必要的数据支撑，从而促进畜禽疾病预警工作的顺利开展。

（2）疾病预警系统的构成。疾病预警系统分别由系统维护模块、疾病预警模块、知识咨询模块构成。系统维护模块在预警系统中承担着"秩序警察"的责任。知识咨询模块扮演着"知识提供者的角色"。疾病预警模块发挥着"指示灯"的作用。

（3）疾病预警系统的实施路径。疾病预警系统的实施路径可以分为三个步骤。

①确定预警指标。预警指标的确定受到三个因素的制约，分别为以往的畜禽疾病数据、畜禽专家系统中的数据、畜禽容易发生的疾病类型数据。

②确定各个预警指标的权重。在进行预警指标权重的设置时，农业畜禽专家除了要考虑各个预警指标与疾病之间的关系外，也需要结合畜禽的生长环境以及管理实情，从实际出发，设定相应的权重比例，实现科学的疾病预警。

③进行知识库建设。在进行知识库建设时，农业专家需要充分结合各个数据，如养殖场中畜禽实际存在以及出现过的疾病，同时还应该结合农户周边养殖场所饲养畜禽的易发疾病，构建相应的数据知识库，为后续科学预防疾病制定的政策提供必要的数据参考。

④设置预警方式。畜禽专家可以设置不同的预警方式，如声音预警、文字预警以及电话预警等，让农户根据实际管理状况，灵活选择预警方式。在疾病预警系统的实际运用中，农户可以向系统中输入畜禽的疾病信息，并结合相应的预警指标权重比例，得出可能存在或是已经存在的疾病原因，并制定相应的策略，实现畜禽疾病的高效解决。

第三节　基于物联网的畜牧业实证分析

物联网运用在畜牧业的各个环节，主要包括动物的溯源以及管理、动物产品的卫生安全、动物的饲养管理、动物的繁殖管理以及动物的疫病监测五个方面。本书结合实际的畜禽饲养状况进行介绍，旨在为农户实际的畜禽饲养工作提供必要的指导。

一、将物联网运用在动物的溯源与管理上

（一）动物的溯源管理

在进行动物的溯源管理过程中，农户将射频识别技术（RFID）运用在各种畜牧产品的溯源跟踪上，将关于畜禽的一系列信息，如育种、饲养、免疫以及生产等信息移植到 RFID 的耳标上，实现畜牧产品的可追溯；我国各个兄弟省之间可以建立畜禽产品溯源系统，并以国家的《畜禽标识和养殖档案管理办法》为依据，引导农户将畜禽的有关数据上传到畜禽产品溯源系统中，并颁发相应的凭证，促进动物溯源管理工作的规范化。

（二）动物的监测管理

为了促进智慧农业中畜禽管理的智慧化发展，农户可以将各种电子标识，如颈环、二维码以及 RFID 耳标运用在畜禽身上，实现有效的监测与管理。以大范围的放牧为例，农户可以在农业专家的帮助下，实行"RFID+ 后台管理 +GPS"的模式，实现对畜禽的动态追踪。更重要的是，农户可以通过多种移动端对畜禽进行动态观测，实现对动物的实时管理。

（三）动物的动态管理

在进行动物动态管理的过程中，农户通过运用 RFID 技术，可以记录、分析动物的生长发育状况以及记录动物生长的各个环节，如消毒、驱虫、防疫、配种等工作，实现对动物的动态管理，真正构建数字化的动物动态管理模式。

二、将物联网运用在动物产品的卫生安全上

动物产品管理主要是以奶牛为研究对象，从挤奶和屠宰加工两个环节入手，构建相应的物联网联络模式，对奶牛生产过程进行有效管理和监管，保证畜禽产品的卫生安全。

（一）挤奶管理

在大型农场进行的挤奶过程中，假如一头牛的身体出现问题，异常奶质极易混入正常奶罐中，影响牛奶的整体品质。针对这种状况，农户可以将物联网运用在挤奶管理中。第一，移植传感器。农户可以将各种形式的

电子标识产品，如电子标签移植到奶牛身体上，时刻监督奶牛的身体数据，如奶牛的体温、牛奶的流量、牛奶中蛋白质和乳脂肪含量等，及时发现奶牛的异常状况，提前进行隔离。第二，上传数据。除了在奶牛身体上安装带有信息的传感器外，农户还可以适时地向所在地区的管理系统进行相应数据的传输，为后续的牛奶溯源工作提供相应的数据参考，提升挤奶管理的有效性。

（二）屠宰加工管理

在进行屠宰加工的过程中，农户可以将多种电子识别设备，如电子条码技术、RFID 系统、电子阅读器移植到畜禽产品中，实现对屠宰加工环节的有效管理。具体而言，农户可以将电子识别设备运用在数据采集、传输以及监督三个方面。在屠宰信息的采集方面，农户可以运用 RFID 系统采集卫生检疫、安全检查等数据，并进行针对性的审核，满足食用的卫生标准。在屠宰信息的传输方面，农户可以将超高频的 RFID 技术运用在屠宰信息的传输过程中，让消费者通过识别 RFID 阅读器了解畜禽产品的各种信息，如出库、监控、入库以及分级等，以增强农产品数据传输的有效性。在屠宰信息的监督方面，农户可以通过在 RFID 系统上设置屠宰信息阈值的方式，对相应屠宰数据实施监督，及时处理各种突发状况，保障屠宰过程的有效进行，最大限度地保障屠宰产品的质量。

三、将物联网运用在动物的饲养管理上

（一）构建适宜的生长环境

在畜禽生长环境的构建过程中，农户可以安装智能传感器，将传感器与各种显示终端连接，实现对各种环境数据的有效监控和管理，构建适宜畜禽生长的环境。

1. 安装传感器

为了更好地对畜禽环境中的各个要素进行检测，农户可以结合畜禽的特点以及成长阶段灵活设置传感器，测量各种环境数据，如风速、光照以及空气中其他气体的含量，并结合这些数据适时地向执行机构发布报告，以营造良好的畜禽生长环境。

2. 实现执行设备、传感器与显示终端的连接

设计人员可以运用多种传输技术，实现执行设备、传感器与显示终端之间的连接，让农户在手机端可以直接观看数据，进行多种设备的执行操作。例如，在接收到农场光照数据后，可以通过手机远程控制执行设备来调整农场中光照的强度，为畜禽构建良好的生长环境。

（二）实现精细化饲料的投放

规模化的畜禽养殖为实现精细化的饲料投放提供了可能。在进行大规模的饲料投放过程中，农户可以引入全混合日粮（Total Mixed Ration，TMR）喂食系统，实现精准化喂养的目的。

1. 了解畜禽的实际营养需求状况

农户可以通过 TMR 系统分析畜禽的各种数据，如生长状况、成长阶段等，并结合畜禽专家系统了解畜禽的营养需求状况，设置相应的营养成分指标，促进畜禽的健康成长，提高饲料的利用效率。

2. 统计畜禽的进食状况

除了设置畜禽的营养成分指标外，农户还需要了解实际的畜禽进食状况，然后进行针对性的营养搭配。农户可以运用 TMR 系统分析畜禽的进食状况，如饲喂时间、营养搭配状况以及具体的进食量等，为后续搭配科学的饲料配方提供必要的前提条件。

3. 进行精准性的饲料投放

农户通过了解畜禽实际的营养需求状况以及饮食习惯，然后将上述数据再次输入 TMR 系统中，设置合理的饲料营养配比，真正满足畜禽的实际生长需要，促进其健康成长。

（三）开展智能化管理

在进行智能化管理过程中，农户可以将物联网运用在如图 7-3 所示的内容中。

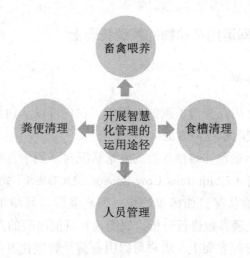

图 7-3 开展智能化管理

1. 畜禽喂养

在畜禽喂养方面，农户可以构建智能的管理系统，对畜禽进行定时定量的饲料投喂，实行科学喂养。

2. 粪便清理

在进行粪便清理方面，农户可以引入智能化的清洗设备，以观测到的粪便数量和重量为依据，进行智能化的粪便清洗，构建畜禽舍良好的空气环境。

3. 食槽清理

农户可以运用各种传感器检测食槽中饲料的剩余情况，并在综合分析整个养殖场剩余饲料量的基础上，进行精准性的食槽清理，避免因长期不打扫食槽而造成饲料污染的情况。

4. 人员管理

人员管理方面，农户可以在场外安装视频监控装置，通过显示终端进行相应数据的检测，了解饲养员的工作状况，并通过手机端向他们提出针对性建议，达到有效管理的目的。对于场内人员管理，农户可以设置多种传感器，如运用前端探测器、声光报警器、红外对射、双鉴探测器、人体感应器等，实现对饲养人员行为的有效监管，提升饲养员的管理水平。

四、将物联网运用在动物的繁殖管理上

（一）发情检测

在将物联网运用在发情检测的过程中，农户可以从预知雌性动物的发情状况以及动物的交配状况两方面入手。

以奶牛为例。在预知雌性动物的发情状况时，奶牛养殖农户可以运用我国宁夏银川的奥特（Ubiquitous Cow Sensor，UCOWS）奶牛发情检测系统，准确判断奶牛发情状况，如卵巢静止、卵泡囊肿、怀孕牛发情等方面的数据，并对上述的生理参数进行分析，提前预知可能出现的发情奶牛。

在动物进行交配方面上，农户可以引入荷兰智能化群体管理系统智能化母猪饲养管理系统（VELOS），了解雌雄奶牛之间的接触时间以及次数，并以此作为发情曲线的数据源，构建相应的发情模型，在了解动物交配状况的同时，提供针对性建议，提升交配的成功概率。

（二）幼崽的出生及监管

在对母体分娩及幼崽进行精细化管理过程中，农户一方面可以运用无线高清摄像头了解母体分娩过程，对此过程进行精细管理，另一方面可以安装精准化传感系统，实现对幼崽个体的精准监管。本书主要对精细化传感器的布置进行简要介绍。在分娩区域，农户可以安装分娩报警装置，准确检测幼崽出生的时刻，及时发布相应的检测信号，呼叫对应的饲养人员，进行有效的分娩管理。在幼崽活动区域，可以安装热红外传感器，准确检测幼崽的健康状况，尤其是精准采集幼崽的突发状况（比如母猪压住小猪等意外），进行有针对性的数据传输，为幼崽的健康生长提供良好的生长环境。总之，通过运用热红外传感器以及机器视觉技术对幼崽进行精准管理，可以最大限度地提升幼崽的成活率。

五、将物联网运用在动物的疫病监测上

（一）常规健康检测

农户可以运用我国自主研发的"家畜智能植入式电子身份健康检测仪系统"，搜集禽畜身上的各种数据，如排泄物、心跳、体温数据等，针对每一头禽畜构建相应的疫病模型，针对这些模型，以禽畜的健康状况为依据分析

造成的原因，提前进行针对性诊断，合理调整禽畜的养殖方式、管理模式，杜绝大范围疾病发生的可能性，最大限度地降低因为禽畜疾病带来的经济损失。

（二）疾病诊断防控

在进行疾病诊断和防控过程中，农户可以从运用传感器以及疾病诊断系统两个方面进行疾病的诊断检测，制定相应的畜禽疾病治疗策略，实现高效的疾病诊断防控。

1. 传感器的运用

农户可以通过对畜禽的行为测量进行疾病预测，提前设置相应的疾病防治策略。例如，农户可以运用 RFID 实时定位系统，检测畜禽的行为，以畜禽采食是否正常以及各种反常行为（反常步态、攻击行为等），判断畜禽是否患有疾病。农户也可以结合自身的经济实力以及实际的畜禽养殖规模，引入先进的传感器，检测畜禽各种疾病，如温和型禽流感、新城疫等存在的可能性，实现高效的疾病防控。

2. 疾病诊断系统的运用

在疾病诊断系统的运用方面，农户可以采用 RFID 实时定位系统定位到单个畜禽，分析畜禽的行为，及时发现疾病前兆。例如，患酮血病的奶牛进料时间减少，可能会出现反常步态、具有攻击性的行为等。当阅读器收到标签信号时，传入中心管理系统报警，采用这套系统分析，一般可提前一周发现畜禽存在的疾病。

第八章 水产养殖业的物联网应用

第一节 水产养殖业智慧化发展历程

我国可以追溯到的最早的关于水产养殖的文献是公元前 460 年的《养鱼经》。该书对鲤鱼养殖方法、繁殖方式以及环境营造进行了详细论述。东汉末年的《魏武四时食制》具体论述了在稻田中养殖小鲤鱼的案例，这说明早在东汉时期，我国已经初步具备稻田养殖的能力。在唐代，我国的水产养殖出现了"新"情况，主要体现在养殖鱼类产品的多样性方面。此时的人们开始养殖鲮鱼、鳙鱼、草鱼以及青鱼。在南宋时期，我国在养鱼方面获得了巨大进步，尤其在养殖鱼类品种以及养殖区域方面得到飞速发展。在明代，我国的养鱼技术得到进一步完善，尤其是鱼病防治、鱼种搭配、鱼池建造方面。在清代，我国的鱼类养殖更为完善，尤其在对鱼类的运输技术、鱼苗习性的掌握方面得到了全面的发展。

本节内容主要从粗放化水产养殖、规范化水产养殖、自动化水产养殖、无人化水产养殖四个方面入手，实现由靠天养殖到靠技术养殖再到靠智能养殖的转化，以最大限度地降低养殖生产成本，提升水产养殖的自然效益、社会效益以及经济效益，让科技为提升水产养殖综合能力赋能。

一、粗放化水产养殖

（一）粗放化水产养殖方法

粗放养殖的核心问题是"合理放养"。一个养殖水体的鱼产量是许多因素综合作用的结果，但要实现高产、高效益，关键技术集中为"合理放养"。它包括合理的放养对象、放养种类间的合理比例、合理的放养数量（密度）

和良好的鱼种规格（质量）等。虽然水体条件千差万别，但是合理放养的原理则是普遍适用的，只不过其技术重点视水体条件有所不同而已。

本书中的粗放化水产养殖方法，注重从合理养殖的角度入手，介绍现阶段粗放化养殖中的优秀经验，并从计算养鱼面积、选定养殖鱼类、搭配混养鱼类比例、放养鱼种的规格和质量、放养密度、放养鱼种的季节和地点等，介绍常见的粗放化养鱼方法。

1.计算养鱼面积

我国进行养鱼的湖泊一般多为中小型的浅水湖泊，水深常不超过 5 米，湖底较平坦而倾斜度小，水位比较稳定而变幅小，由水位波动引起的面积变化甚小，因此湖泊的养鱼面积是相对稳定的。

水库的情况则有所不同，水库在运行过程中，水位是经常变动的。其变动的情况与水库所在流域的汛期特点、径流大小以及水库在发挥防洪、灌溉、发电、供水等功能时的运行要求有关。随着水位的升降，相应的水库面积扩大或者缩小，使得合理确定水库养鱼面积发生了困难。但是，正确地确定水库养鱼面积是制定水库渔业利用规划、合理利用资源、实施各种渔业经营管理措施、正确统计和分析生产成效的必要前提，所以有必要根据水库特点找到一种比较正确、合理的养鱼面积的计算方法。目前，我国使用的方法有以下两种。

（1）根据水文观测资料，统计出 5—10 年以上水库水位的多年平均值，与多年平均水位相应的水库面积可作为水库养鱼面积。统计各年平均水位时，可以全年各月的平均水位为基础，也可以 5—10 月鱼类主要生长期的各月平均水位为基础。

（2）根据水库设计的主要功能，确定一个经常出现的水位作为核定养鱼水位，那么与核定养鱼水位相应的水库面积为核定养鱼面积。

2.选定养殖鱼类

目前，我国湖泊、水库放养的主要有鲢鱼、鳙鱼、草鱼、鲂鱼、青鱼、鲤鱼、鲫鱼、鲴鱼等温和性经济鱼类。它们在食性和栖息场所等方面的分化，使它们在同一水体中基本上各得其所，各自占有不同的生态小环境。它们对水体的空间、饵料资源的利用方面，以及鱼种间的相互关系方面，可趋于互补而不直接竞争。

此外，在内陆地区某些盐碱湖泊，其环境条件严酷，鲢鱼、鳙鱼、草鱼、鲂鱼等在那里或者生长速度极慢，或者难以存活，开发这类内陆盐碱水域，瓦氏雅罗鱼和青海湖裸鲤则是可供选择的对象。

应当强调的是，以人工放养种群为主的水域，放养鱼类的死亡率应该降低到最低程度。因此，凶猛鱼类绝不能作为湖泊、水库放养的对象。我国有些水库曾因鳡鱼成灾而使鱼产量降到极低的水平，这样的教训应该引起重视。为此，采取各种手段遏制凶猛鱼类种群的发展，是湖泊、水库渔业管理的一项重要内容，也是保障合理放养的重要措施。

3. 搭配混养鱼类比例

"草型湖"和平原型水库，水生植被茂盛，底栖动物丰富，而浮游生物则相对较少。在这一类水体就应加大草食性鱼类、底栖动物食性鱼类和杂食性鱼类的放养比例，这些鱼类的放养量可占总放养量的40%左右。但水草、底栖动物的增殖能力低，如果草鱼、青鱼放养过多，水生植物资源将受到严重破坏甚至毁灭，螺类等软体动物也会相应地减少或极度贫乏。此时，"草型湖"将向"藻型湖"转化，在养殖上也就只能由草鱼、青鱼为主的混养类型转为以鲢鱼、鳙鱼为主的混养类型，长江中下游多数养鱼湖泊的历史变迁都有类似的经历。据群众经验，如每亩放250克左右的草鱼30尾，1—2年内即可将水草基本吃光。在湖中水生植物不多的情况下，如每亩产草鱼在1.5千克以上时，湖内水生植物就难以得到恢复。特别是当水生植物处在发芽或幼苗阶段时，放养过量草鱼更容易抑制植物的生长。湖泊中水生植物的大量减少，必然会给湖泊生态系统带来不平衡现象。就湖泊渔业利用而言，水草的减少、消失，使渔产品的种类（鱼、虾、蟹等）减少，渔产品的质量和价值下降。因此，草鱼的放养比例和数量必须严格控制，或者以团头鲂代替草鱼。

不同水体饵料基础不同，其混养的类型也应有区别。即使同一水体，在多种自然和人为因素的影响下，水域性状、饵料基础等条件也会随之发生一定的变化。因此，必须根据变化了的情况（对水域条件的跟踪监测和渔获物分析的资料）而及时调整鱼类放养组合。

4. 放养鱼种的规格和质量

放养鱼种的规格和质量关系着鱼类的成活率、生长率及回捕率，是合理放养的又一重要内容。这是因为培育鱼种一般是在池塘或库湾里进行的，都是较小的水体环境，而放养的湖泊、水库环境是大水体，两者自然条件差别很大。在大水体里，水深面阔流急，风大浪大，有的可能还有复杂的流态，这要求鱼种有较强的适应能力；天然敌害多，要求鱼种有较强的避敌能力；饵料变化大（饵料生物密度相应降低，以天然饵料为食），要求鱼种有较强的觅食能力和竞争能力，而鱼种为了索饵也需要付出比池塘多得多的能量。所以，如果放养规格过小，鱼种就不能迅速适应大水体的生活环境，索饵能力弱，生长慢，容易招致敌害侵袭，从进出水口的拦鱼设备逃跑的机会也多。而大规格鱼种对大水体生活环境适应力较强，索饵能力强，生长快，对敌害的抵御力强，也易于采取防逃措施。

湖泊、水库鱼种的合理规格应在 13.3 厘米以上，这种规格也是与我国目前苗种培育水平相适应的。目前市场需要 1 千克以上的鲢鱼、鳙鱼，因此，各地已将鱼种的规格进一步提高到 16.6 厘米以上，其经济效益明显提高。但我国西北与东北地区，生长期较短，培育大规格鱼种比南方地区困难得多，限于目前生产水平，在坚持除害的前提下，可将放养规格适当降低一些，但不能放弃提高鱼种的规格。

5. 放养密度

有不少养鱼的湖泊、水库，尤其是大、中型湖泊、水库，鱼种放养不足是影响这些水体提高鱼产量的主要原因。若能增加放养量，产量就会提高。但在个别地区片面地强调增加放养量，认为鱼种投放越多产量越高，将放养量提高到每亩 500 ～ 1000 尾的密度。但产量依然停留在原先的水平，并未达到更高密度求得更高产量的目的。原因就在于放养密度过高，超过了水体的负载能力，结果鱼类生长不良，病弱个体增多，自然死亡率高，以致回捕率低（不超过 10%）。而且鱼种费用（成本）占渔业收入的 1/2 ～ 2/3，经济效益反而下降。

6. 放养鱼种的季节和地点

（1）鱼种放养的季节。在冬季或秋季放养鱼种效果较好。冬季放养的优点是：水温低，鱼种活动力弱，便于捕捞和运输，损伤少，成活率高；凶猛鱼类在冬季摄食量大减或停止摄食，对鱼种危害小，至开春后水温上升凶猛鱼又积极摄食时，鱼种对大水体环境已初步适应，逃避敌害的能力增强；鱼种可提早适应环境，在温度升高后可提早摄食，延长了生长期；冬季水位低，无须泄水，鱼种外逃机会少；减轻了鱼池越冬管理所需的人力、物力负担。

由于池塘培育的鱼种在放养初期，往往不能适应大水体的新环境，如找不到一定量的饵料，鱼种就常在岸边浅水处及进出水口附近集群巡游，而在刮风流急时，鱼种又喜迎风游动或逆水上游。在这些情况下，鱼种变得消瘦，而且容易逃亡。针对这种情况，可选择在饵料丰富、条件优越的库湾中进行暂养，在暂养期间可给予一些特别的养护，以使鱼种在暂养期内逐步适应大水体的环境条件，有利于提高鱼种成活率和生长率。其具体做法是：在秋、冬季节，用拦网或竹箔将库湾与主体部分隔开，围拦之前将大鱼赶走，并除去凶猛鱼类，然后将鱼种放入暂养，待翌年春季将拦鱼设备拆除，鱼种就可以分散到各处。有时候鱼种经长途运输后体质瘦弱，也需短期暂养使之恢复体力，以适合放养要求。有些湖泊，每到冬季湖面大大缩小，水位低浅，鱼种生活和越冬条件很差，应选择条件相宜的局部水域进行围拦暂养，待水位回升后再放入大湖。北方地区封冻的湖泊、水库，若鱼类越冬的条件较好，则宜在秋季进行放养。但东北的浅水"泡子"，水浅冰厚，封冻期又长，鱼种越冬条件差，宜在春季化冰以后水温回升时进行放养。

（2）合适的放养地点。在鱼种放养的地点上，应注意远离进出水口、输水洞、溢洪道及泵站等地，免遭水流裹挟之损失；鱼种也不宜在下风口沿岸浅滩处放养，免遭风浪袭击拍打上岸；也不应集中于一个地点投放，免遭凶猛鱼类围歼；在冬季水位显著下降的湖泊、水库，不宜在上游或库湾浅处投放，以免鱼种因退水搁浅干涸而死。除以上不宜投放的地点以外，应选择避风向阳、饵料丰富、水深相宜的地点分散投放。

总之，在粗放化水产养殖的过程中，农户凭借丰富的经验开展粗放化的农业生产活动，在获得经济收益的同时，仍旧有其生产方式无法解决的问题。对此，农户需要认识传统粗放化农业生产方式的弊端，并学习各种新型的养殖方式。

（二）粗放化水产养殖方式的弊端

粗放化水产养殖方式的弊端主要体现在以下三点：第一，存在严重的"靠天吃饭"观念。人们的生产技术低下，加之并未掌握水产养殖的规律，所以养殖过程中存在严重的"靠天吃饭"的观念，导致在水产养殖过程中不能采取行之有效的措施，造成整体的养殖效率低下。第二，养殖设备落后。在粗放化水产养殖过程中，部分农户的设备落后，使池塘淤泥严重，极易造成各种细菌的滋生，致使部分鱼类大量死亡。第三，防治病疫能力差。在水产养殖过程中，一些农户并不具备先进的养殖经验，不能深入观察并分析可能出现的鱼类疾病。

二、规范化水产养殖

我国规范化水产养殖一共经历了三个阶段，分别是设施化水产养殖、工厂化水产养殖以及网箱式水产养殖。在这三个阶段，人为干预在水产养殖中所占的比重越来越大，生产效率越来越高，进一步推动我国水产养殖朝着良性的方向发展。

（一）设施化水产养殖

设施化水产养殖的模式为"排水沟＋养殖池塘＋进水渠"。在养殖过程中，农户运用自然水，并将用过的水再次排到大自然中。此养殖阶段配套设备较为简单，只有水泵、投饵机、增氧机等。水泵的作用是促进水池中养殖水体的循环。增氧机的作用是通过高速积水的方式，提高水中的氧气含量。值得注意的是，这种装置只能运用于浅区域的池塘。投饵机的作用是进行多种方式的饵料投食，如进行定时、定量投食。鱼、虾是此阶段主要养殖的水产生物。

（二）工厂化水产养殖

工厂化水产养殖的模式为流水式的布局，即"排水渠＋砖混鱼池＋进水管渠＋预处理水源"的形式。这个时期运用的水产设备有开放式流水管阀、重力式无阀过滤池等。此时主要的养殖鱼类为鳗鱼、冷水性鱼类以及鲆鱼等。鳗鱼的养殖形式为大棚养殖，养殖水体是地下水与山泉水的混合水。冷水鱼的养殖地方为露天砖混鱼池，主要的养殖水体是河道水和山涧溪流。鲆鱼的主要养殖方式为大棚养殖，水源来源于间歇性排水以及长流水。

（三）网箱式水产养殖

网箱式水产养殖主要兴起和迅速发展于 20 世纪 80 年代，兴盛于 20 世纪 90 年代。此时，我国的水产养殖中鱼的种类得到拓展，养鱼技术日益成熟。网箱式水产养殖的优势在于：第一，木质材料、结构简单。第二，设置在港湾，或是内湾中，多为传统的小型网箱。第三，我国在浅海区域（通常是 10—50 米之间的区域）尚未得到大范围的开发，十分适用于此种养殖形式。第四，此种养殖形式具有养殖时间短、经济效益高的优势。因此网箱式养殖在我国鱼类养殖中占有重要的地位。

三、自动化水产养殖

（一）工程式池塘自动化养殖

1. 工程式池塘自动化养殖的定义

工程式池塘自动化养殖是指以技术（智能装备技术、大数据技术以及物联网技术）为先决条件，以数据（各种传感器搜集的数据）为先导，以精准化、自动化控制为手段，以打造良好养殖水体环境，提升水产养殖效益为目的的新型水产养殖形式。

2. 工程式池塘自动化养殖的原理

工程式池塘自动化养殖由两步骤、一系统以及一模型三部分构成。"两步骤"是指数据采集和数据分析，数据采集是农户运用多种技术，如机器视觉技术、光化学检测技术、纳米技术等，进行多种数据的采集，包括 pH 值、溶解氧的值。在数据分析的过程中，农户运用此种养殖方式中的相应系统，在充分结合环境因子的前提下，尊重鱼类的生长规律，进行相应的数据分析，制定与鱼类生长相关的措施，促进鱼类的健康生长。"一系统"是指增氧系统。农户运用增氧系统可以构建"池塘下部分养鱼＋池塘上部分发电"的新模式。"一模型"是指溶解氧预测稳定模型。溶解氧预测稳定模型的作用是在充分运用大数据的前提下，结合水质因子相互耦合的特点，构建相应的溶解氧预测模型，以实际的测氧效果为依据，合理控制增氧机的开启、关闭以及持续的时间，达到合理控制水中氧含量以及降低能源消耗的目的。

3. 工程式池塘自动化养殖的优势

工程式池塘自动化养殖的优势有以下两点：优势一，构建科学的投喂策略。为了制定科学的投喂策略，农户在水产养殖的过程中，一方面需要综合运用多种技术，如智能装备技术、大数据技术等；另一方面应了解实际的喂养对象的状态，既要以养殖对象的实际生长阶段为标准，还要结合生长环境以及所摄取食物的特点，以以上两方面要素为数据构建相应的水产品配料模型，制定更为科学的投喂策略。优势二，设置科学的投喂频率和投喂数量。为了寻找最为精准的投喂数量和频率，农户需要从三个方面入手：第一，建立水质与气象指标（气温、气压以及光照），物理化学光标（还原电位、盐度、温度）之间的联系。第二，总结分析各项数据。农户可以运用此种养殖模式中的系统，分析对应性的数据，如养殖经验、养殖水体条件、养殖品种特点等。第三，采用科学的运算方式，如借助大数据以及云计算等技术。构建相应的数据模式，得出对应性的投放频率以及投放量。①

4. 工程式池塘自动化养殖的特点

工程式池塘自动化养殖包含精准化、自动化、机械化以及高效化四项特征。

在精准化方面，此种养殖方式中具有精准化控制系统，包括精准的智能增氧系统、及时的预测预警系统、精准的投喂系统以及稳定高效的远程控制系统。

在自动化方面，此种养殖方式自动化程度较高，突出体现在可以自动搜集水产品生长环境周边的数据，并将这些数据通过稳定的传输线系统向物联网控制中心传输。在此之后，物联网控制中心可以根据接收的数据，结合专家系统中的模型，制定相应的策略，并以电流的方式传送给执行设备，实现自动化的管理。

在机械化方面，此种养殖方式具有多种机械装置，如水面行走装置、底泥提升装置、动力装置，在减轻人力的同时，还可以提升作业的工作效率，实现有效改善养殖水体环境的目的。

在高效化方面，此种养殖方式具备多种先进的技术，如微孔管增氧技术、水质自动检测技术等，可以在营造良好的养殖水体环境的基础上，提高水产品的存活率，让农户获得较高的经济效益。

（二）工厂式池塘自动化养殖

工厂式池塘自动化养殖具有较强的集约性，常见的养殖模式分为海基养殖和陆基养殖两种，其中陆基养殖可以再次划分为循环水养殖和流水养殖两种。循环水养殖具有不受时空限制、控制效果好、兼顾经济效益与生态效益的优势。我国在 20 世纪 90 年代开始进行规模化的工厂式池塘自动化养殖，取得了良好的效益。

---

① 漆颢，管华，龚晚林.基于物联网的鱼塘环境监测系统设计 [J].物联网技术，2018（11）：72-76.

1. 陆基循环水养殖的定义

陆基循环水养殖是指采用物联网技术、大数据技术、智能装备技术来实现陆基工厂化循环水养殖水质调控、水质净化、投饲智能化的自动化、精准化，提高水资源循环利用效率、节能降耗、降低劳动强度和养殖风险的养殖形式。陆基循环水养殖采用物联网监控装备，通过收集和分析有关养殖水质和环境参数数据，如溶解氧（DO）、pH 值、温度（T）、总氨氮量、水位、流速、光照周期等，按照养殖水质的控制要求，运用生态工程学原理进行系统配置，运用信息化、智能化控制系统，对水质和养殖环境进行有效的实时监控，控制系统循环率，从而实现高效的养殖效果。根据进水量、水位等变化，通过可编程逻辑控制器（PLC）来调节微滤机转鼓转速、反冲洗频率，结合微滤机进水和出水水质的变化参数，优化微滤机控制模型、降低微滤机能耗来提高水质净化效率。

陆基循环水养殖根据对养殖动物生理习性、摄食规律及营养需求分析，提供与其自然生存环境类似的摄食和投喂条件，研发出符合其营养需求的生态环保饲料，参考养殖动物摄食节律（如光照、摄食时间等）加以投喂，保证养殖动物主动充分摄食，减少饲料浪费。

2. 陆基循环水养殖的原理

陆基循环水养殖一方面具有较强的综合性技术优势，如智能装备技术、大数据技术、云计算技术等，另一方面具有较强的功能性，如智能化投料、净化水质、调控水质，低能耗、低风险。这也是陆基循环水养殖得以推广的重要原因。

为了更为高效地促进陆基循环水养殖的有效实施，发挥此种养殖方式的优势，笔者认为农户有必要了解陆基循环水养殖的运用场景，从如图 8-1 所示的三个角度进行简要介绍。

图 8-1　陆基循环水养殖的运用场景

（1）节水。农户可以运用物联网设备进行多种参数的收集，如光照周期、流速、水位、温度等，并在此基础上，运用多种系统，如智能化控制系统，对水质进行全方位监控，寻找循环水的次数与经济效益之间的最优平衡点，最终达到节水的目的。

（2）净水。农户可以运用可编程逻辑控制器模块，以进出水参数变化为依据，调节反冲洗频率以及微滤机轮毂转速，并构建相应的微滤机控制模型，达到降低能耗、提升净水效率的目的。

（3）投料。为了让养殖对象主动饮食，减少不必要的饲料浪费，农户需要探索最为适合养殖对象的投食模式。在实际投食的摸索过程中，需要结合不同生长阶段的营养需求状况，并应借助各种技术，如视觉技术、大数据技术，进行投料模型的构建，准确地把握投料的时间、次数，探索出最为适宜的投料模式，提高饲料的利用率，促进养殖对象的健康成长。

3. 陆基循环水养殖的优势

（1）经济效益好。通过运用陆基循环水养殖，农户在开展水产养殖和构建良好的养殖水体环境的同时，可以最大限度地提升投料的精准性，促进养殖对象的健康生长，最大限度地降低损耗，达到提升经济效益的目的。

（2）实现闭环控制。农户可以运用陆基循环水养殖，准确测定养殖水体中的各种数据，如水体温度以及含氧量，并将这些数据与专家系统中的水体数据进行对比，合理选择养殖水体的排放频率，最大限度地提高养殖水体的利用效率，形成闭环式的养殖水体利用模式。

（三）网箱式池塘自动化养殖

1. 网箱式池塘自动化养殖的定义

网箱式自动养殖是一种集材料、机械、电子、苗种、饲料、环境等高度设施化，综合运用大数据、物联网、信息化、人工智能、智能装备等技术为一体的深水网箱远程自动管理系统。

第一部分，智能化监控。智能化监控通过遍布海洋及其陆域配套设施各处的传感器和智能设备组成"物联网"，综合利用RFID（射频识别）、传感器、二维码技术，以及其他感知设备对深水网箱各参与元素进行标识，随时随地对其进行信息采集，对深水网箱运行的核心参数进行测量、监控和分析，以此实现对深水网箱的全面感知。此外，智能化监控依托于数字化积累下的深水网箱历史运营数据，通过科学的算法建模，可以为深水网箱运转状态提供更科学有效的评估标准，甚至对下一步的运转状态进行预判，从而帮助经营者更好地控制成本投入、规避风险损失、提高养殖产品质量。

第二部分，自动化精准饲喂系统。自动化精准饲喂系统的核心是投饵系统。投饵系统完全由计算机控制，系统配备 GPS 定位系统、远程遥控系统、现场水域环境和气象条件监测系统、反馈自动控制系统。此系统根据温度、潮流、溶解氧、饲料传感器（水中饲料余量）、摄像机系统（鱼类行为）和饲料状态等信息进行智能决策、自动投喂，根据温度、溶解氧和机器视觉采集鱼的行为特征信息判断鱼的食欲，根据潮流及安装在养殖容器下方的红外、多普勒传感系统监测沉降到残饵收集装置中的残余饲料颗粒数量，变量调控投喂量、投喂速度、投饵机抛撒半径等参数，提高饲料利用率。

此两部分既是网箱式自动养殖的重要特征，又是为网箱式养殖进行重新定义。与最初的网箱式池塘化养殖相比，现阶段的养殖方式发生了明显的变化，主要体现在管理方式以及养殖设施上。在管理方式上，现阶段的网箱式池塘自动化养殖主要采用自动控制系统，有利于提高养殖的综合经济效益。在养殖设施上，大范围使用铰链海上浮式养殖"池塘"。这种"池塘"具有较强的综合性，既融合了人工智能技术、大数据技术、云计算技术，又融合了多种知识元素，如机械知识元素、电子知识元素、材料元素等。

2. 网箱式池塘自动化养殖的特征及影响

（1）智能化监控有利于降低成本，提升经济效益。网箱式池塘自动化养殖的主要特征之一是智能化监控。农户一方面运用各种传感技术（如射频识别技术、遥感技术等），进行多维数据的检测；另一方面运用大数据挖掘技术对检测的数据进行分析，并进行模型构建，实现更为科学的深水网箱运转评估，准确预估后期的深水网箱运动状态，优化原有的养殖方式，最大限度地降低养殖成本，提升经济效益。

（2）利用自动化精准投喂，可提高诱饵利用效率。在进行网箱式池塘自动化养殖中，农户通过运用多种形式的传感器既可以采集客观信息，如水中的溶解氧量、温度以及潮流，又可以采集饵料食用信息，如运用多普勒传感器搜集残留鱼饵的信息，并将这两种信息输入反馈自动控制系统、气候条件检测等系统中，建立相应的数据模型，了解养殖对象的饮食习性，合理控制饵料的投放时间、频率，提高饵料的有效利用率。

（3）运用网箱精准养殖的综合特性，最大限度地发挥网箱养殖的优势。网箱精准养殖的综合特性主要涉及养殖知识、养殖客观需要的综合性两个方面。为了最大限度地发挥网箱式池塘自动化养殖的优势，水产养殖专家一方面需要综合海洋保护知识、海洋工程知识、海洋生态工程知识等，另一方面需要考虑多种养殖的现实需要，如幼苗的选择、养殖管理方式等，最大限度地运用各种知识解决实际的水产养殖需要，提升整体的水产养殖综合效益。

四、无人化水产养殖

（一）无人化水产养殖的方法及技术基础

1. 无人化水产养殖的方法

在无人化水产养殖定义的论述中，为了更为直观地诠释无人化水产养殖，本书从无人农场的角度进行论述。无人农场就是在人工不进入农场的情况下，采用物联网、大数据、人工智能、5G、机器人等新一代信息技术，通过对农场设施、装备、机械等远程控制或智能装备与机器人的自主决策、自主作业，完成所有农场生产、管理任务的一种全天候、全过程、全空间的无人化生产作业模式。无人农场的本质是实现机器换人。

无人化水产养殖通过组合不同生物，实现了各种物质的多次运用；养殖对象由单品向多品发展；养殖方式由简单粗放向智能集约转变，由高耗能向低能耗转变。

2. 无人化水产养殖的技术基础

无人化水产养殖的技术基础源于以下三点：第一，科学技术的升级。"微机机械加工"工艺、生物传感技术以及纳米技术的产生和广泛应用为无人化水产养殖提供了技术基础。第二，数据的真实性。随着技术的发展，人们可以运用最为先进的技术进行各种数据的采集，为后续水产养殖策略的制定提供强有力的数据支撑。第三，智能化机械设备的出现。随着我国先进科学技术的广泛运用，为各种智能化机械的产生提供强有力的技术基础，并研制出多种智能机械设备，如自动清淤机器人、水产施药艇等，为提升无人化水产养殖水平提供了基础设备。

（二）无人化水产养殖的应用展望

1. 无人化陆基工厂养殖

实现无人化陆基工厂养殖模式中，要满足三个条件。第一，知识条件。知识是技术产生的基础以及必备条件，需要加强对物理、化学、生物等基础学科的深入研究，并以海洋以及河流为基点，为后续新技术的产生打下坚实的基础。第二，技术条件。在进行无人化陆基工厂养殖模式的开展过程中，水产养殖方面的专家需要深入研究、运用各种技术，如大数据技术、云计算技术、传感技术、传输技术、成像技术等，将上述技术作为实现无人化陆基工厂养殖的"眼睛"。第三，设备条件。水产养殖方面的专家需要结合实际养殖需要，设计具有多种功能的水产养殖机器人，实现投料、育种、防疫等多方面的自动化。

2. 无人化网箱养殖

在进行无人化网箱养殖模式的探索中，本书主要从养殖前、养殖中以及养殖后三个角度，同时结合个人的网箱养殖知识，介绍无人化网箱养殖开发的新出路。

（1）养殖前。在养殖前，水产养殖专家需要考虑三个问题。①选址。在无人化网箱的选址过程中，既要考虑所在位置的地壳变动，又要考虑实际的洋流状况、气候情景等。②鱼种。通过运用上述数据信息，专家在鱼种的选择过程中需要兼顾自然属性以及社会属性，要从自然的角度选择合适的鱼种，同时还要结合市场的变动，进行鱼种的选择。③灾害。沿海地区自然灾害最为常见，专家需要充分考虑所在位置可能存在的自然灾害。

（2）养殖中。在养殖过程中，水产养殖专家可以结合实际的水产养殖以及存在的问题，制定针对性的策略，实现最大限度的无人化管理。例如，在进行精准投喂的过程中，专家可以运用物联网系统对鱼类的行为特征以及海洋环境信息进行数据采集，并建立相应的数据模型，准确设定饵料的投放数量、位置以及频次。又如，在进行网箱清洗的过程中，专家可以采集各种残余饵料数据，准确判断饵料清理的必要性，并定时完成饵料的自动清洗。

（3）养殖后。在养殖后，水产养殖专家可以构建全方位立体化的沟通、分享、溯源机制，实现多角度水产养殖信息的有效沟通和无人化的水产养殖。在养殖对象出网前，农户可以联系商家，并结合商家的需求运用智能化设备完成水产品的加工并送到商家指定的地址。在此之后，农户可以运用水产养殖专家系统，分析售出的水产品数量，并按照一定的比例购买优质的水产品种苗，投放到固定的区域，精准计算水产品幼苗的投食比例、时间以及次数，进行精准性投放，并设置多种形式的传感器，观测幼苗的生长状况，结合专家系统中的建议，开展科学化的水产养殖，完成下一轮销售。

第二节　水产养殖业的物联网系统概述

水产养殖业的物联网系统包括水产养殖物联网的总体架构、监控系统、精细喂养系统、疾病预警系统四个方面。物联网应用在水产养殖业中，可以促进水产养殖业整体管理水平的提升。

一、水产养殖物联网的总体架构

通过构建水产养殖物联网，农户可以实现对水产养殖活动实时性、全方位检测，及时发现各种水产养殖问题，并通过手机、电脑以及平板电脑终端方式对水产养殖设备、环境进行控制，在为养殖对象提供良好生长环境的同时，最大限度地利用各种水产养殖资源，避免浪费，提升整体的水产养殖经济效益。为此，本书着重介绍水产养殖中物联网的整体架构以及基本功用，旨在促进物联网技术在水产养殖中的普及。

（一）水产养殖物联网的整体架构

1. 数据采集模块

数据采集模块是物联网的"眼睛"，主要负责各种水产养殖数据的采集，如养殖水体中的盐度、温度、溶解氧比例等，为后续模块策略的制定提供强有力的数据支持。

2. 网络传输模块

网络传输模块是物联网的"神经"，主要负责将"眼睛"观察到的数据，迅速、稳定、高效地传输到智能控制模块中，实现数据的有效传输，促进后续模块的迅速制定。

3. 监控展示模块

监控展示模块是物联网的"显示器"，主要负责将各种与水产养殖相关的数据转化成不同形式的图像、视频、表格、文字等，让农户可以在移动终端直观地了解养殖场的各种信息，为农户进行水产养殖策略的制定提供必要的数据支持。

4. 智能控制模块

智能控制模块是物联网的"脑子"，主要负责数据的分析，一方面可以通过对系统设置阈值的方式进行指令的传递，另一方面能够通过建模的方式，了解各种数据的发展规律，及时预测各种数据在未来时间的发展变化，提前向执行设备发布指令，采取最优的策略，最终达到降低生产成本，提升经济效益的目的。

（二）水产养殖物联网的基本功用

水产养殖物联网的功用具有较强的多样性。主要包括以下四项功能。第一，检测养殖区域的环境。农户可以通过物联网了解养殖场环境中的亮度、水温。第二，检测养殖场中的水质。农户运用物联网系统测试养殖水体中的各种数据，如盐度、pH 值、温度等，了解实际的养殖水体水质，为养殖对象提供优质、良好的水体环境。第三，监控养殖对象的活动状况。农户可以及时发现各种水产品的异常状况，制定针对性的策略，最大限度地提升水产品质量，提升整体的经济效益。第四，智能化控制各种设备。增强水塘管理。例如，在实际生产中农户在接收到此系统的警报后，发现鱼塘中的氧容量仅为每升 1.6 毫克。针对这种状况，农户利用移动终端控制增氧泵，提升了鱼塘中的含氧量。

二、水产养殖环境物联网监控系统

（一）工作步骤

水产养殖环境中物联网监控系统的工作分三个步骤。步骤一，搜集信息。养殖农场中的各种数字传感器会搜集各种与水产养殖相关的数据，并通过网络向无线智能测控终端传输。步骤二，无线检测控制终端在接收到传感器传输的数据中，通过综合运用数据通信模块、存储模块、控制模块以及

CPU（中央处理器）模块实现对数据的分析和转化，并灵活选择数据传输方式，向远程控制中心传递相应的数据信息。步骤三，远程控制。农户的手机端即为远程控制中心，农户可以在手机上远程监控养殖场，及时处理各种突发情况，构建良好的生态养殖环境。

（二）构成要素

水产养殖环境物联网监控系统构成要素多种多样。本书主要从水质监测站、增氧控制站、现场及远程监控中心进行介绍，旨在增强水源的稳定性，提供清洁、无污染的养殖水体，让水产品在最佳的水质环境中生长。

1.水质监测站

通过水质监测站，农户可以了解养殖水体的各项情况，向控制中心提供精准、全面的数据，促进各项决策的制定。为了达到上述效果，在水质监测站的构建过程中，研究人员可以从传感器的选择、系统的构建、数据的传输三个方面入手。

（1）在传感器的选择上，研究人员可以结合实际需求，灵活选择相应的传感器，如浊度传感器、盐度传感器、水位传感器、pH值传感器、溶解氧传感器等。

（2）在系统的构建上，研究人员可以构建传感器集成系统，将不同格式的数据转换成同一格式，促进与各种农产品相关数据的统一，增强数据传输的实效性、稳定性和高效性。

（3）在数据的传输中，研究人员可以以传播数据的距离为依据，灵活采用不同的传播方式。例如，针对一些重要的数据，研究人员可以通过达成通信协议的方式做到"专网专用"，有效促进数据传播的即时性和安全性。

2.增氧控制站

缺氧是水产品致死的重要因素之一。为了保证养殖水体中适宜的含氧量，研究人员可以在养殖水体中安装增氧控制站，设立独立的增氧单元。

（1）氧传感器的选择。研究人员在氧传感器的选择过程中，不仅要考虑实际的工作场景，还应该考虑氧传感器的性价比，最大限度地兼顾经济性和功能性。

（2）独立单元的设置。研究人员可以设置相应的独立单元用于接收氧传感器的数据，并结合独立单元中设定的阈值，向增氧装置发布指令，达到合理控制养殖水体中含氧量的目的。

3. 现场及远程监控中心

现场以及远程监控中心是水产养殖环境物联网监控系统的核心，既要负责整个数据的综合分析，又需进行各种指令的决策。在实际的设计过程中，研究人员需要注意以下两点。

（1）数据整理和分析。研究人员可以运用大数据以及云计算设定数据整理程序，对水产养殖数据进行分类整理，一方面可以为后续决策模块的制定提供数据基础，另一方面可以提升农户在移动终端获取相应数据的便捷性，最大限度地提升数据运用效率。

（2）设立数据阈值库和建模系统。数据阈值库和建模系统是现场及远程监控中心的关键性部分。系统通过接收分类化的数据，可以以数据阈值库为依据进行执行机构的控制，同时可以运用数据进行建模，分析各个数据之间的对应关系，合理预判可能出现的情况，及时传输指令，达到合理控制养殖水产环境的目的。

（三）应用场景

1. 合理控制温度

农户运用水产养殖环境物联网监控系统，可以在结合水产品生长规律的基础上合理控制养殖水体温度，达到构建良好生长环境的目的。在遇到突发情况时，农户可以运用该系统所读取的异常温度数据，对养殖场水体的温度进行合理的控制。根据水产品生长规律，农户可以构建水产品生长速度、病情与水体温度之间的连接，建立相应的数据模型，准确把握最适宜水产品生长、可提高水产品抵抗力的温度，最大限度地提高水产品的经济效益。

2. 科学控制溶解氧含量

溶解氧含量不仅与水体中的增氧量有关，也与水中的温度有关。在提高溶解氧含量时，农户可以通过传感器采集的溶解氧含量数据，合理控制增氧机，在减少增氧机工作量的同时，保证在养殖水体中含有科学的溶解氧含量。与此同时，为了避免养殖水体中出现溶解氧含量过高的状况，农户可以结合实际的养殖状况，设定合理的温度，避免这种情况的发生。值得注意的是，农户还可以根据溶解氧的含量，分析水质质量，制定相应的养殖水体控制策略，营造良好的水体环境。

3.其他数据的控制

这里所说的其他数据主要包括光照、盐度、pH值。农户可以运用此系统采集的光照数据制定相应的应对策略。为了提高溶解氧含量，可以延长光照时间，通过补光的方式，让养殖水体中的藻类植物进行光合作用。在合理控制盐度方面，农户可以在盐度控制单元中设定相应的阈值，通过对比采集盐度数据与设定盐度阈值的方式进行自动换水。在pH值的控制方面，农户可以运用此系统中的预警功能，通过分析pH值的变化，分析存在的影响水质恶化的因素，如养殖水体中的亚硝酸盐、硫化物以及氨氮的含量，及时发布相应的预警信息。

总之，通过运用水产养殖环境物联网监控系统，农户可以充分享受现代信息技术的便捷，对各种养殖参数进行监控，在减少人力成本的同时，实现远距离的养殖水厂管理，提升水产养殖的经济效益。

三、水产养殖精细喂养物联网系统

（一）水产养殖精细喂养物联网系统的构建

水产养殖精细喂养物联网系统，根据图8-2所示，有如下内容。

图8-2　水产养殖精细喂养物联网系统

在进行水产养殖精细喂养物联网系统的构建过程中,研究人员可以将此系统划分成以下三部分。第一部分,执行设备。在此系统中,研究人员可以引入水泵、增氧机以及投饵机。第二部分,采集设备。在采集设备中,研究人员可以从网络摄像头、传感器等设备入手,全面和立体地搜集各种与水产养殖相关的数据,如外部气象数据、水温数据、含氧量数据等。第三部分,控制中心。控制中心的主要作用是进行投饵策略的制定,向执行机构发布相应的指令,实现鱼饵的精准投放。

(二)水产养殖精细喂养物联网系统的形式

水产养殖精细喂养物联网系统的形式主要是指自动投饵机的喂养形式,以投饵机应用环境为依据,分为室内工厂化投饵机、网箱投饵机、池塘投饵机;以饵料的投料模式为依据,分为下落式投饵机、风送式投饵机、离心式投饵机;以能源动力为依据,分为内燃机投饵机、电力投饵机以及太阳能投饵机。

(三)水产养殖精细喂养物联网系统的应用

在水产养殖精细喂养物联网系统的应用中,主要从饵料投喂的方式、时间以及数量三个角度入手,并在基于采集、分析各种数据的基础上制定相应的投饵策略,促进水产品的健康生长。

1. 投喂方式

常见的投喂方式为机械式投喂和人工式投喂两种。在进行投喂方式的选择上,农户可以结合不同的水产品类型设置不同的投喂模式。例如,针对鲤鱼,农户可以采用人工投喂的方式,让鱼与鱼之间相互抢食,最大限度地提高饵料的利用效率。针对鲫鱼,农户可以采用机械投放的方式,选择好对应的投放地点、时间和数量。更为重要的是,为了了解水产品的饵料食用状况,农户可以运用多种传感器搜集相应的数据,如残余饵料的数量、水体中的 pH 值、氨氮含量等,更为科学地设计饵料的投放时间、地点以及频率。

2. 投喂时间

水产品的摄食行为与实际的投料时间具有密切的关系。例如,有些鱼类喜欢在夜晚进食。针对这种状况,农户可以运用此系统,调整饵料的投放时间,从而提高鱼类的摄食量,减少饵料的浪费。

3. 投喂数量

饵料的投喂数量与水产品的进食量密切相关。影响水产品进食量的因素包括水温、水中的溶解氧含量以及水产品的发育阶段。农户可以运用此系统设置温度阈值、溶解氧含量阈值以及水产品体积阈值，将传感器搜集的数据与系统中设定的阈值进行对比，合理控制饵料的投放数量。例如，在养殖水体温度较高时，为了合理利用饵料，农户可以运用此系统进行养殖水体的调温，在合理控制水温的同时，可以减少水产品摄食量，降低饵料的浪费率。

四、水产养殖疾病预警物联网系统

水产品养殖疾病的发生是多种因素共同作用的结果。在进行水产养殖疾病预警物联网系统的构建过程中，研究人员需要从多方面入手进行相应数据的采集，及时发现问题，在进行预警的基础上，探究造成疾病的原因，制定相应的水产养殖策略。

（一）构建水产养殖疾病预警物联网系统

1. 设置多种传感器

为了更为全面地收集水产养殖数据，研究人员可以设置多种形式的传感器，如光度传感器、温度传感器等。

2. 构建高效处理系统

在进行高效处理系统的构建过程中，首先，要进行数据的整合。研究人员可以运用云计算、大数据等，构建具有联系性的数据脉络图，为后续数据的采集和分析提供数据支撑。其次，进行数据分析。在进行数据分析的过程中，研究人员可以采用数据建模的方式，分析各个数据之间的联系，并在此基础上，找出造成水产品疾病的原因。最后，进行数据预测。找准存在的具体问题后，研究人员可以运用此系统设置防治疾病的相关策略，为水产品的健康生长创造各种有利条件。

3. 引入多种传输形式

传输形式是影响整个系统功能发挥的重要因素之一。为了实现水产养殖数据的高效传输，研究人员可以结合实际的农产品需要设定不同的传输形式。在远程传输方面，研究人员可以选择运用 5G 网络进行传输，在保证数据传输稳定性的同时，实现高效传输。在现场传输方面，研究人员可以根据实际的数据的重要性进行排序，第一时间发现重要信息，并及时制定相应的策略，解决水产品疾病发生的根源问题。

（二）水产养殖疾病预警物联网系统的具体应用

1. 发现问题

在此系统的应用过程中，以农户发现的淡水鱼细菌性败血症为例。在实际的水产养殖过程中，农户通过观察手机移动端的数据，发现养殖水体中的 pH 值是 0.5，氨氮含量过高。与此同时，还发现养殖水体中有大量的残余饵料。农户进行远程操控，拍摄养殖水体中的鱼类，并发现鱼的眼部因为充血，极其突出。抵达现场后，邀请专家对这部分鱼进行解剖后发现，鱼的腹腔内有血红色腹水，肠道中没有食物。通过这一系列的表现证实，此鱼患了细菌性败血症。

2. 制定策略

通过运用此系统发现存在的问题，农户从实际的角度入手，制定了相应的应对策略。第一，消毒。农户运用多种设备对池塘进行消毒，合理控制浮游生物生长，控制水体中的含氧量。第二，鉴别诊断。在实际的病毒鉴别过程中，农户采用细菌分离培养的方式，在最短的时间内进行疾病的判断，提前进行预防。第三，用药。农户可以结合实际病情或根据有关专家的建议选择相应的药物，如醛类消毒药、苯扎溴铵等，尽快地治愈水产品疾病。

第三节 基于物联网的水产养殖业实证分析

一、水产养殖业物联网的构成

（一）水产养殖智能检测系统

在水产养殖智能检测系统中，农户可以安装具有自动识别功能的检测传感器，尤其是可以增强养殖水体环境中各要素成分的分析，如氨氮含量、盐度、浊度、溶解氧含量、pH 值、光照和温度等，并实时对这些要素进行采集。与此同时，系统在采集到关键数据，尤其是关键数据的参数达到系统设定的阈值时，则会自动报警，以多种形式反映在客户端，如电话、短信等。

（二）水产养殖智能管理系统

农户通过运用智慧养殖智能管理系统，可以以水产品的实际生长阶段、生长环境以及饵料等为依据，建立相应的数据库以及模型，分析水产品养殖的不同阶段与生长环境以及饵料之间的关系，实现饵料投放的精准性，为水产品提供最为适宜的成长环境，从而获得良好的经济效益和社会效益。

（三）水产养殖智慧监控系统

农户通过构建水产养殖智慧监控系统可以实现对养殖区域内全景化水产品活动状态的检测。实现远程化的全视角水产品养殖状态的监控，如视频可回看、可存储、可分析，促进水产养殖生产活动的顺利开展。

（四）手机远程管理系统

农户可以在手机上下载远程管理系统，远程检测养殖场的状况，如水产品的活动状况、水产设备的运转状况等，及时发现、及时处理各种养殖过程中的突发状况，实现管理的便捷性和高效化。

（五）智能化控制系统

农户在水产养殖中安装智能化控制系统有两个功能。第一，设备运行的自动化。水产养殖设备可以根据智能的控制系统中发出的各项指令完成相应的动作，如投食以及控制温度、湿度等，实现水产养殖管理的自动化。第二，减耗增效。农户通过智能化控制系统可以有效地控制各种成本，实现各种精准操作，如精准控制饵料的投放数量、养殖水体中的各种数据（温度、湿度），在降低成本消耗的同时，提升水产品的综合质量，提高水产养殖的经济效益，最终达到减负增效的目的。

二、水产养殖业物联网的应用范围

（一）监管部门

水产局可以运用水产养殖物联网了解各个区域的水产养殖情况，还可以集中分析每个区域在水产养殖中的共性问题，在进行水产养殖监管的同时，还能向各个区域的农户提供相应的养殖策略，促进整个水产养殖行业的良性发展。另外，还能构建以水产局为中心的养殖信息汇集与发散机制，进一步拓展物联网的"触角"。

（二）水产技术服务部门

水产技术服务部门运用物联网可以达到"聚是一团火，散是满天星"的效果，即通过交流可以实现优秀水产养殖技术最大范围内的汇集，集中最为优秀的技术解决棘手的水产养殖问题，达到"聚是一团火"的效果。"散是满天星"是指水产技术服务部门可以运用物联网将优秀的技术传播到水产养殖的各个区域，让各个区域的农户都获得专业的指导，将水产养殖技术的效益发挥到最大化，达到"散是满天星"的目的。

（三）水产养殖示范园、水产养殖农场

示范园以及农场可以将物联网运用在水产养殖过程中实现水产养殖自动化、集约化、智慧化，降低各项生产成本，提升整体的水产养殖效益。

三、水产养殖业物联网的实际运用

（一）温度检测

农户将物联网运用在水产养殖的温度检测中对进出水口温度、池内温度进行了检测，并结合养殖对象的实际生长状况灵活调整温度，合理控制饵料投食数量，提升了饵料的利用率。农户可以在移动终端观看养殖区域内的温度状况，通过远程监控的方式调节相应的设备，营造最为适宜的温度，促进养殖对象的健康成长。

（二）环境监测

本书在环境监测方面主要从氨氮含量检测、溶解氧含量检测、pH 值检测三个方面入手进行介绍。

1.氨氮含量检测

氨氮产生的来源一是水生动物的尸体，二是水生动物的排泄物，三是残余饵料。氨氮含量越高，越容易导致水产品中毒。农户将物联网运用在氨氮

含量检测中，可以第一时间发现水体中的物质变化，通过传感器发现造成水体中氨氮含量高的原因，制定相应的策略，最大限度地降低氨氮含量。

2. 溶解氧含量检测

鱼类缺氧轻者影响其生长发育，重者导致其大面积死亡。农户将物联网引入水产养殖中可以及时检测水体中的溶解氧含量，及时发现并迅速解决溶解氧含量低的问题，为养殖对象提供良好的养殖水体环境。

3.pH 值检测

众所周知，pH 值是导致养殖对象发生疾病的重要因素。为此，农户有必要第一时间了解养殖水体中的 pH 值，及时发现异常状况并制定相应的策略。农户可以在池塘中安装 pH 值测试头，当水体超过此范围后，智能控制系统以传感器中采集的数据为依据，向水池阀门输送信号，进行换水，达到改变养殖水体中 pH 值的目的。

（三）智能管理

农户将物联网运用在日常的水产养殖过程中，运用系统采集及时发现养殖问题，获得相应的提示，并通过智能系统分析造成这种问题的原因，然后制定相应的水产养殖策略，促进水产养殖管理质量的提升。例如，某农户在客户端发现水体中溶解氧含量低，及时运用远程检测系统观察整个水池的状况，发现有十几条鱼浮在水面上，而且采集的数据中水体的氧含量严重偏低。然后运用物联网智能系统排除故障，发现水塘西北角的增氧泵并未工作，通过物联网第一时间联系了增氧泵部门，在十分钟内该问题得到了解决。

参考文献

[1] 陈久华.智慧农业 [M].南京：江苏凤凰教育出版社，2017.

[2] 周承波，侯传本，左振朋.物联网智慧农业 [M].济南：济南出版社，2020.

[3] 龙陈锋，方遽，朱幸辉.智慧农业农村关键技术研究与应用 [M].天津：天津大学出版社，2020.

[4] 侯秀芳，王栋.乡村振兴战略下"智慧农业"的发展路径 [M].青岛：中国海洋大学出版社，2019.

[5] 江洪.智慧农业导论：理论、技术和应用 [M].上海：上海交通大学出版社，2015.

[6] 刘东升，宋革联，董越勇.融合物联感知与移动监控的智慧农业公共服务技术研究 [M].杭州：浙江工商大学出版社，2015.

[7] 王建，李秀华，张一品.智慧农业 [M].天津：天津科学技术出版社，2019.

[8] 李伟越，艾建安，杜完锁.智慧农业 [M].北京：中国农业科学技术出版社，2019.

[9] 马丽婷.智慧农业 [M].北京：中华工商联合出版社，2017.

[10] 陈勋洪.智慧农业花正艳 [J].江西农业，2022（3）：45-46.

[11] 农紫霞，黎海燕，岑彩英，等.智慧农业 故乡果园 [J].中外食品工业，2021（7）：131-132.

[12] 李岩，朱天宇，杨晓萍.智慧农业的产业集群 [J].中国质量，2020（2）：55-59.

[13] 凌平.智慧农业助力农民增收 [J].农家致富，2021（20）：9.

[14] 陆洋.智慧农业助农增收 [J].农家致富，2021（23）：4-5.

[15] 罗克锋.智慧用电与智慧农业"共舞" [J].中国电力企业管理，2021（20）：26.

[16] 刘悦.智慧农业有奔头 [J].当代贵州，2019（23）：62-63.

[17] 初文红，孔祥彬，刘英，等.潍坊市智慧农业发展现状及对策 [J].现代农业科技，2022（3）：221-223.

[18] 张克文.兴国铸就"智慧农业"全域链 [J].江西农业，2022（1）：15.

[19] 康帅帅, 张蒙恩. 浅论基于物联网的智慧农业 [J]. 汽车博览, 2022（2）: 115-117.

[20] 刘建华. 智慧农业在浏阳生根发芽 [J]. 小康, 2022（9）: 44-46.

[21] 任杭章. 智慧农业的发展路径及保障 [J]. 农业工程技术, 2021, 41（21）: 33-34.

[22] 胡浩明, 陈康, 蓝贝蓓. 智慧农业监测系统设计 [J]. 科学技术创新, 2021（35）: 101-103.

[23] 潘林杰, 张东. 智慧农业的综合解决方案 [J]. 南方农机, 2021, 52（19）: 58-60.

[24] 叶晓楠. 智慧农业时代的"新农人" [J]. 时代邮刊, 2021（4）: 30-31.

[25] 丁康. 智慧农业助农增收 [J]. 农家致富, 2021（17）: 8.

[26] 鲁刚强, 向模军. 物联网技术在智慧农业中应用研究 [J]. 核农学报, 2022, 36（6）: 1293.

[27] 陆耀, 张敏, 陈楷辉, 等. 乡村振兴战略下广西智慧农业发展现状及对策 [J]. 特种经济动植物, 2022, 22（5）: 124-126.

[28] 孙岩, 刘仲夫. 大数据在智慧农业中的应用展望 [J]. 现代农村科技, 2022（4）: 15-16.

[29] 冯田. 智慧农业下农村经济的创新发展路径 [J]. 畜禽业, 2022, 33（4）: 11-13.

[30] 房德华, 冯磊. "智慧农业"增效增收 [J]. 乡镇论坛, 2021（4）: 41.

[31] 毕京津, 杨颜菲, 姜晓丹, 等. 智慧农业 助力春耕 [J]. 当代农机, 2021（4）: 16-17.

[32] 杨志林. 人工智能与智慧农业 [J]. 当代农机, 2021（6）: 47-49.

[33] 云林. 2020 智慧农业 TOP30[J]. 互联网周刊, 2021（8）: 44-45.

[34] 韩守振, 柳洪芳, 柳洪德. 智慧农业的发展现状与研究 [J]. 现代化农业, 2022（2）: 42-45.

[35] 赵狄娜. 探索智慧农业的中国经验 [J]. 小康, 2022（9）: 63.

[36] 宋明文. 搭乘智慧农业的翅膀 [J]. 农业知识, 2020（1）: 38-39.

[37] 孙慧君. 智慧农业 慧惠于民 [J]. 新农, 2020（2）: 40.

[38] 王惠. 商水县智慧农业发展对策研究 [D]. 郑州: 河南工业大学, 2019.

[39] 冯薇.成都市蒲江县智慧农业服务平台构建研究 [D].雅安：四川农业大学，2018.

[40] 王金.智慧农业大棚监控系统的设计与实现 [D].太原：中北大学，2020.

[41] 韩猛.吉林省智慧农业发展问题研究 [D].长春：吉林大学，2020.

[42] 许思蒙.河南省智慧农业园区评价研究 [D].郑州：河南农业大学，2019.

[43] 戴珍蕊.促进我国智慧农业发展的对策研究 [D].舟山：浙江海洋大学，2018.

[44] 马帅.智慧农业数据采集及分析软件的设计与实现 [D].北京：北方工业大学，2019.

[45] 张洲.基于物联网的智慧农业系统设计及实现 [D].成都：电子科技大学，2019.

[46] 阮李花.宜昌市智慧农业发展对策研究 [D].武汉：华中师范大学，2016.

[47] 杨小琪.基于物联网智慧农业平台建设大数据的研究 [D].曲阜：曲阜师范大学，2017.

[48] 沈棋云.江西省智慧农业发展现状、存在问题与对策研究 [D].南昌：江西农业大学，2018.

[49] 董勋凯.智慧农业灌溉系统研究 [D].西安：西安工程大学，2019.